江西绿色农业新供给战略研究

徐步朝　徐雨杭⊙著

江西人民出版社
Jiangxi People's Publishing House
全国百佳出版社

图书在版编目（CIP）数据

江西绿色农业新供给战略研究 / 徐步朝，徐雨杭著 .—
南昌：江西人民出版社，2022.11
ISBN 978-7-210-14374-1

Ⅰ . ①江… Ⅱ . ①徐… ②徐… Ⅲ . ①绿色农业—农
业发展战略—研究—江西 Ⅳ . ① F327.56

中国版本图书馆 CIP 数据核字 (2022) 第 239983 号

江西绿色农业新供给战略研究
JIANGXI LÜSE NONGYE XIN GONGJI ZHANLÜE YANJIU

徐步朝　徐雨杭　著

责 任 编 辑：饶　芬
装 帧 设 计：同异设计事务

 出版发行

| 地 | 址：江西省南昌市三经路 47 号附 1 号（330006） |
| 网 | 址：www.jxpph.com |
| 电 子 信 箱：jxpph@tom.com |
| 编辑部电话：0791-86898683 |
| 发行部电话：0791-86898801 |
| 承 印 厂：北京虎彩文化传播有限公司 |
| 经 | 销：各地新华书店 |

开　　本：787 毫米 ×1092 毫米　1/16
印　　张：12.5
字　　数：160 千字
版　　次：2022 年 11 月第 1 版
印　　次：2022 年 11 月第 1 次印刷
书　　号：ISBN 978-7-210-14374-1
定　　价：88.00 元
赣版权登字 -01-2022-589

前　言

党的二十大报告提出，要全面推进乡村振兴，坚持农业农村优先发展，加快建设农业强国，扎实推动乡村产业、人才、文化、生态、组织振兴，充分体现了我们党一张蓝图绘到底，一以贯之抓落实的战略定力。促进农业农村发展及振兴，需由过度依赖资源消耗、主要满足"量"的需求，向追求绿色生态可持续、更加注重满足"质"的需求转变。推行绿色生产方式，促进农业可持续发展，绿色在推进农业供给侧结构性改革中扮演着关键角色。促进农业向绿色发展转型，实现农业可持续发展，保障从田间到"舌尖"的安全，以绿色、安全、高品质的农产品满足群众消费升级的需求，是我国农业供给侧结构性改革与质量兴农的关键。

21世纪以来，中央一号文件连续18年聚焦"三农"，"三农"事业事关国家粮食安全、生态安全、土地安全，是所有重要国家资源的来源和基础，是国家安全战略的底盘。党的十八大以来，一系列强农惠农政策相继出台，我国农业农村现代化取得非凡成就，粮食和重要农产品保障能力夯实，农业科技创新能力跃升，一些短板弱项实现补强，农业全球竞争力不断增强。在此基础上，新形势下我国农业主要矛盾已经由总量不足转变为结构性矛盾，主要表现为阶段性的供过于求和供给不足并存。以农民为中心，以供给侧结构性改革为主线，让农业强起来、农民富起来、农村稳下来,是当前和今后一个时期我国农业政策改革和完善的主要方向。为此,探讨绿色农业优先高效发展,无论是对绿色农业的持续健康发展还是促进农业供给侧改革和乡村振兴都将产生有利的影响。在此过程中,作为农业发展参与者和受益者的主体——农民,其意愿必须得到充分尊重,建立起以政府为主导的自下而上、村民自治、农民参与机制,充分调动农民的积极性、主动性和创造性。

江西以占全国总面积 2.5% 的耕地,提供了占全国 4% 的粮食,其农业在全省经济中具有重要的战略地位,在全国也举足轻重。自 2003 年国家正式提出绿色农业的概念以来,江西绿色农业发展成果显著、贡献突出,但短板也比较明显,如农产品需求升级,有效供给跟不上;部分地区资源环境承载力达到极限,绿色生产跟不上;域外低价农产品打进省内市场,省内竞争力跟不上等,影响了农业的进一步持续健康发展。作为国家生态文明试验区,如何以"三区、三园、一体"为平台、抓手和载体,优化资源和要素配置,辅以"三位一体"的综合合作要求,推进农业供给侧改革,提高农业供给质量,成为当前江西农业绿色发展面临的主要课题。

江西发展绿色农业、助推乡村振兴,需要在产业结构优化、一二三产业融合及农业市场与生产要素合理配置等方面进行系统研究。在江西省社会科学联合会的资助下,我们本着绿色、生态、有效供给的理念,立足自身优势,增加高品质农产品的核心竞争力,对江西绿色农业新供给进行了较为系统的研究。本书是著者主持的江西省社科规划项目"基于农民意愿的江西绿色农业新供给战略研究"(编号:17GL14)的成果。

本书旨在贯彻落实党的十九届历次全会和二十大精神、习近平总书记关于"三农"工作的重要论述和视察江西重要讲话精神,立足国情和江西省情,综合运用马克思主义农业生态思想、生产力和生产关系理论、舒尔兹改造传统农业理论、新结构经济学、新供给经济增长理论等理论工具，采用归纳与演绎相结合、规范研究与实证研究相结合、定性分析与定量分析相结合的研究方法，在国内外农业供给侧结构性改革经验做法归纳、总结的基础上，结合江西农业供给侧结构性改革发展现状、评价及问题进行剖析，进而阐述新供给战略下江西农民种植意愿的影响因素，对江西重点粮食主产区开展了静态和动态实证研究与调研，而后运用二元 Logistic 模型对选取的典型江西粮食主产区绿色农业供给主体的供给意愿的影响因素进行了识别检验，进一步从家庭、生产、市场、外部特征四个维度探索了影响绿色农业供给主体供给意愿的显著性因素。本书在实证分析的基础上，吸收了国内外相关地区的实践探索与经验启示，并结合江西绿色农业供给主体的特殊视角，提出了新供给战略背景下绿色农业的发展路径及保障机制。本书在确保粮食安全的基础上，从学理上构建了专门针对江西绿色农业供给主体供给意愿的显著影响因素，为江西绿色农业发展的公平性和公正性提供理论指导；同时，还从充分调动粮食供给主体积极性的视角，提出加快农业产业结构调整、深化农业生产要素改革、推进农业市场化改革、促进农业产业融合发展等建议，实现粮食供给主体稳定增产增收，使粮食生产适应农业现代化发展的要求，保障和维护国家粮食战略安全，旨在为推动江西农业农村现代化，促进国家生态文明试验区（江西）建设提供意见参考。

全书共由八个部分组成。第一章是导论。包括研究背景、研究目的与意义、文献回顾、研究框架及内容、研究方法以及创新之处。第二章是农业供给侧结构性改革的理论探析。包括马克思主义、西方经济学关于农业供给的相关理论支撑，我国对于农业供给侧结构性改革的理论探索。第三章是农业供给侧结构性改革的国内外典型经验。分别从美国、欧盟、荷兰、澳大利亚、日本等国外发达地区的典型案例，以及浙江省衢州市、四川省崇州市、福建省漳州市等国内典型案例中，为江西农业供给侧结构性改革汲取经验和思路。第四章是江西农业供给侧结构性改革的发展现状、评价以及问题。包括江西农业供给侧改革的发展现状以及发展效率效益评价，同时剖析江西在进行农业供给侧结构性改革过程中遇到的主要问题，并分析形成问题的成因。第五章是新供给战略下江西农民种植意愿的影响因素。阐述了新供给战略的内涵，从要素配置、政策支持、市场以及农户认知特征四个方面分析新供给战略下江西农民种植意愿的影响因素。第六章是江西种植主体供给意愿实证研究。基于调研获得的数据，对江西供给主体意愿进行定量测算，构建20个变量指标并运用二元 Logistic 模型分析对供给主体持续种植意愿产生显著影响的因素。第七章是江西绿色农业新供给战略的发展路径。分别从产业结构、生产要素、市场化以及产业融合等四个方面来诠释江西绿色农业新供给及战略的发展路径。第八章是以农民为中心，从多角度为江西绿色农业新供给战略构建长效系统机制。

江西以丘陵、山地为主，北部较为平坦，中部和南部分别为赣抚平原、丘陵山地，呈"南高北低，周高中低"的地势，农户在粮食作物种植的方式、规模、产量及效率等方面的指标数据差异客观存在。同时，调查对象的选择、自身特质也存在差异，对研究成果的精准性影响难免存在，需要在后续的研究中进一步改进和完善。

本书是著者研究团队集体研究成果的结晶，也是著者多年来对江西生态文明研究及调研实践成果的凝练和集中反映。然限于学识和能力，本书只是对江西绿色农业新供给战略进行探讨，研究深度和广度有待进一步深化。在撰写的过程中参考了大量的中外文献资料，均已在参考文献和脚注中一一列出。由于笔者水平有限，难免存在一些缺陷、不足甚至错误，还恳请广大读者和学界同仁批评指正。

目　录

第一章
导　论

　　作为第一产业的农业是我国国民经济的基础产业，农业高质量供给关系到国家粮食安全与社会的稳定发展，在推动社会经济建设与发展过程中起着至关重要的作用。自 2003 年我国正式提出绿色农业这一概念以来，我国绿色农业发展成果显著，但仍面临诸多阻碍，绿色农业的持续性发展受到影响。2017 年中央一号文件明确提出推进农业供给侧结构性改革，促进农业农村发展由过度依赖资源消耗、主要满足量的需求，向追求绿色生态可持续、更加注重满足质的需求转变[①]。深入推进农业供给侧结构性改革，有助于打破当前我国农业发展结构性矛盾突出的困境，推动我国农业大发展，增加绿色优质农产品的供给，以达到高水平的农产品供需平衡，促进我国农业现代化、绿色农业可持续健康发展。为此，在我国大力推动农业供给侧结构性改革的背景下，在习近平生态文明思想和生态经济学理论的指导下，探讨基于农民意愿的视角来推动江西绿色农业发展的议题，全面剖析农业供给侧结构性改革与以往结构调整的本质区别，重点对江西省绿色农业新供给进行综合分析并提出具体建议，以期为江西推动绿色农业的持续健康发展提供参考价值。

[①] 资料来源：《中共中央、国务院关于深入推进农业供给侧结构性改革加快培育农业农村发展新动能的若干意见》，http://www.gov.cn/zhengce/2017-02/05/content_5165626.htm.

第一节　研究背景

改革开放以来，党和国家高度重视农业发展，我国农业支持保护政策体系不断健全与完善，农业产业得到了快速发展，同时也为国民经济其他产业的发展提供有力保障。近年来，我国农业农村经济发展态势稳中有进，但当前农业发展呈现出农业结构调整难、农业竞争力薄弱等新的困境。

近年来，国家陆续出台相关政策，推动供给侧结构性改革、推进绿色农业发展成为各地区农业经济发展的主旋律。习近平总书记在 2015 年 11 月 10 日召开的中央财经领导小组第十一次会议上提出供给侧结构性改革这一理念，并在年底召开的中央农村工作会议上，提出要着力加强农业供给侧结构性改革，提高农业供给体系质量和效率，真正形成结构合理、保障有力的农产品有效供给。2017 年是供给侧结构性改革深入开展的一年，农业发展也面临着诸多阻碍，亟待采取措施来有效推动我国农业的产业化发展。2017 年，中央一号文件作出了农业的主要矛盾由总量不足转变为结构性矛盾的基本判断，决定深入推进农业供给侧结构性改革，加快培育农业农村发展新动能。推进农业绿色发展，是落实农业发展新理念、贯彻十九大精神的必然选择，是促进农业可持续发展并加快农业现代化发展的重要举措。

作为农业大省及全国水稻主产区之一，江西省最大的优势是绿色生态。早在 2016 年，江西就被列为唯一的"全国绿色有机农产品示范基地试点省"，在推进农业供给侧结构性改革中，紧跟时代步伐，围绕"稳粮、优供、增效"的目标，大力推进农业供给侧结构性改革，着力提升农业供给质量和效益，取得了明显成效。2021 年，被农业农村部确认为部省共建江西绿色有机农产品基地试点省，农业绿色生态优势被进一步放大。试点以来，江西绿色有机农产品日益成为生产规范、品质优良、品牌知名、消费推崇的代名词。截至 2021 年底，已创建全国绿色食品原料标准化生产基地 49 个、面积 866.3 万亩，规模列全国第六位；创建全国有机农产品基地 6 个，面积 19.39 万亩。发展绿色有机地理标志农产品 4413 个，其中绿色食品 1316 个，净增 252 个；有机农产品 2996 个，净增 679 个，总数居全国第三位；地理标志农产品 101 个[①]。

在探索农业供给侧结构性改革过程中，出现了许多新的矛盾。农产品需求升级，有效供给跟不上；资源环境承载力到了极限，绿色生产跟不上；域外低价农产品进入，省内竞争力跟不上等问题，影响了农业的持续健康发展。为此，需在新时代进一步深化农业的绿色发展，探索绿色农业新供给。

第二节　研究目的与意义

一、目的

农业是国民经济发展的基础，粮食是涉及百姓生活和经济发展的重要支撑，保障粮食安全成为我国的头等大事。近年来，江西虽然对农业侧供给结构性改革策略推行的力度不断加大，但鉴于在农业发展过程中还存在难题，特别是农产品供给效率与资源环境承载力方面的协同发展仍相对不足，使农业总体经济收益增长势头不够强劲。因此，本书旨在研究试验区绿色农业发展新供给过程中农民的行为响应及相关政策的优化。从经验上吸收国外类似国家和地区绿色农业发展的政策启示，从理

---

① 数据来源：江西省农业农村厅官方网站整理，http://nync.jiangxi.gov.cn/art/2022/4/7/ art_ 68527_3911543.html.

论上寻求新供给政策对试验区建设的支撑，从实践上找到农民对绿色农业产业化发展需求的科学解释，从"政策落地"角度获得各种要素新供给在试验区推行的具体建议。主要有：

1. 系统解读绿色农业产业化新供给的内涵，探究国内外绿色农业新供给的实践对试验区政策实施的借鉴和启示，以期获得江西生态文明试验区绿色农业政策施行的经验指导；

2. 理论分析试验区绿色农业发展的农民行为响应，寻求"绿色农业新供给"的理论支持；

3. 实证检验试验区绿色农业发展政策的农民行为响应，从实践经验上获得农民对"绿色农业新供给"需求的科学解释；

4. 综合考察试验区农民对绿色农业产业发展政策的需求意愿，为绿色产业新供给在试验区的可行性和操作性提供具体建议。

二、意义

在生态文明建设的背景下，研究试验区的绿色农业生产新供给，准确把握绿色农业生产过程中遇到的瓶颈，客观地反映农民的诉求，进行资源、政策优化，有助于实现经济稳步增长、环境持续改善、人民福祉协调提升。在归纳总结江西农业生产需求制度成果的基础上研究农产品的绿色新供给，有利于落实国家文件精神，深入推动江西生态文明试验区绿色农业生产与实践，总结可推广、易复制的经验；能够进一步丰富和完善农业供给侧结构性改革，升级调整农业结构，加快转变当前农业发展方式，推动农业供给领域全方位变革，破解当前农业发展困境；对绿色农业高质量发展、助推乡村振兴快速实现、加速生态文明建设进程、推动城乡融合发展、加快现代农业强省以及美丽中国"江西样板"建设具有十分重要的现实意义。

第三节　文献回顾

学术界对农业新供给的研究还处于起步阶段，对"绿色农业发展新供给"的系统研究尚未形成体系。本节主要从绿色农业、新供给及农民意愿三个方面梳理学者的研究成果。

一、绿色农业发展研究

（一）农业供给侧结构性改革提出的理论依据

马克思社会再生产理论从使用价值和价值、生产资料、消费资料、积累和消费的角度论述了供给改革的重要意义（王婷，2017），现代农业哲学强调用多元互补和厚道科学来为城乡协调发展提供理论依据（李丽纯，2015），强调中国农业要走低碳、循环、绿色的发展之路，须对温室效应进行科学测度（师帅，2013；田云等，2015），从结构调整、经营主体培育、三产融合发展、推进"标准、绿色、规模、品牌、法制"互动、制度创新等方面（张玉香，2016）走集成式、立体式、内涵式、整合式、蝶变式发展之路（王建祥，2016），从而按五大发展理念的要求厘清农业改革的重点和思路（张海鹏，2016）。

（二）绿色农业发展的国内外实践

世界各地都在探索绿色农业产业发展之路，以色列主要从农业科技创新与应用、降低生产成本、调整种植结构、提高劳动者素质、支持产业化经营、加大资金投入等方面促进农业健康快速发展（杨丽君，2016），美国主要依赖资源禀赋和先进技术，日本靠完备的现代农业政策走质量型的高科技现代农业之路，越南则主动规划农业发展战略和方向（史蒙，2014），我国苏州把乡村农业分成三种类型进行发展（徐子风，2016），其他地区从农业发展方式、农业生态管理、农业发展支撑体系、农业经营水平、政府调控作用等方面进行了不同程度的有益尝试

（王文亮，2016；杨灿等，2016；毛晓丹，2014；冉亚清，2016；梅博晗等，2016），促进了现代绿色农业不同程度的发展。

（三）绿色农业发展的公共产品的保障

我国农业区域发展不平衡、供给政策不完善（齐城，2009），需要政府对公共产品进行反哺（张邦辉等，2010；王慧敏等，2014），并由各地根据区域特色增加生产性公共产品供给（杨敬宇等，2010），促进农业产业化经营快速健康协调发展（陈忠辉，2006）。

（四）绿色农业发展的金融、科技支撑

利用"互联网+农业"的金融手段进行精确扶贫、扶困（黄震，2016），从保险、融资等方面进行自身创新（张红伟等，2017），重点推进农村金融体制改革与创新，完备其金融功能和配套政策（郑安安，2009）。政府要提供农技培训、推广与转化平台，促进农业科技化水平不断提高（史一杉等，2014）。

（五）国内学者对于影响农业生产发展的其他因素研究

着重研究了土地流转与规划经营问题（李晓晴，2016），农业供给的价格冲击响应（韩玉卓，2013）、气象服务（赵蓓等，2016）、农药化肥监管（周喜应，2016）、农耕文化培育（吴仁明等，2016）、农业信息（员立亭，2015）等对农业产业发展的影响。

二、"新供给"战略研究

为全面把握研究动态，本书在绿色农业发展研究的基础上还综述了"新供给"的研究现状，从理论提出、理论应用出发，再结合各地的实践探索，开展对新供给战略体系的研究，为绿色农业新供给战略研究提供研究思路。

（一）理论提出及主张

该理论是在对西方传统供给学派、凯恩斯和后凯恩斯主义的学术主张和相关国家实践进行系统分析后，结合我国"二元经济"①实际提出的（贾康等，2013）。该理论认为需求在单类商品上存在上限，而供给侧必须同时考虑量的增长和创新拓展（金海年，2013），其构建了中国供给经济学基本理论框架和逻辑分析方法，是一次有益的尝试（肖林，2016；陈宪，2016）；同时，它也构建了中国特色政治经济学的理论基石（袁志刚，2016），其政策主张包括"八双"②"五并重"③（金海年，2016）。

（二）在供给侧改革中的应用

破解中国"中等收入陷阱"，实现产业兴国，需要紧紧抓住并处理好"理性的供给管理"与"供给侧结构性改革"这一命题，对主流经济学理论认知框架的不对称性、言行不一、政府产业政策薄弱和滞后等方面进行突破性研究。强化对供给侧进行分析和认知，市场、政府、非营利组织应各有作为并力求合作，制度供给应充分引入到供给分析，优化好各种供给要素（贾康，2016）。从索洛残值定义的全要素生产率概念出发，提出技术进步、组织创新、专业化、生产创新、市场化五大要素（彭鹏等，2016）。

---

① 二元经济：实质就是工业经济和农业经济不能融合而形成的经济结构。

② 八双：双创，创新和创业；双化，新型城镇化和产业优化；双减，减少行政干预和结构性减税；双扩，对外扩大开放融合和对内从结构优化角度和效益角度扩大内需；双转，人口政策的转变和国有经济定位的转变；双进，国有企业和非国有企业共同进步，在国有资产优化布局的前提下，国有企业和非国有经济共同发展，在市场里互相混合、互相竞争；双到位，政府的职能作用和市场的职能作用都应该到位，并且强调第三部门的作用；双配套，财政制度体系改革的配套和金融体系改革的配套。

③ 五并重：一是短期的五年规划和长期的百年战略并重；二是法治和文化并重，对经济产生重要影响的制度不仅有成文的制度，还有文化道德等软性的制度；三是海上丝绸之路和陆上丝绸之路经济带的并重；四是参与现有国际经济贸易秩序和推动形成新的国际秩序并重；五是高调的国际货币体系改革和低调的人民币国际化并重，参与现有国际货币体系的同时，推动创建新的国际货币体系，如金砖银行、亚投行等。

（三）各地实践探索

浙江省产业结构正在形成新的生产方式、产业形态、商业模式和新的经济增长点（杨祖增等，2015），江苏省提出了创造新供给的核心内容是创新发展现代服务业（胡国良，2015），湖北石首市则按照"生态湿地、生态经济、生态社区、生态文化"同步发展的目标打造中部地区绿色发展新典范。

三、农民意愿研究

随着我国经济的快速发展，居民收入不断增加，人民健康观念不断加强，推动绿色农产品种植成为我国供给侧改革的政策导向。阐述政策机制、农业生产性服务、农业社会化服务、农户素质等方面对农民意愿的影响（段萌婷等，2018），从农户视角为本书绿色农业新供给战略研究提供研究思路。

随着社会发展，农业政策机制、科技服务、社会化服务体系不断完善。农户受制度环境约束要服从"合法性机制"，在制度环境愈与常规生产相契合的情况下，农户为了获得合法性支持愈倾向于采纳常规生产方式，其生产绿色转型意愿愈低（陈卫平等，2018）。在农业生产性服务方面，农户对无偿性农业科技服务的需求不能得到满足；农户的耕地面积、家庭年均收入、技术等因素影响农户对有偿性农业科技服务的需求意愿（刘倩男，2019）。农户分化是影响农户生产性服务需求意愿的关键因素，不同类别需求的强烈程度差异大且满意度不高（张晓敏等，2015）。农户对农业社会化服务需求意愿与现实供给之间存在显著的矛盾与偏差，农业社会化服务的服务宽度滞后，供给渠道单一，供给深度有限，供需环境限制（韩剑萍等，2018；刘晋铭，2016）。农户会因政府的支持保障政策、交往对象和亲戚朋友的态度、个人的性别年龄等因素影响其职业化意愿（程淑平等，2017）。特别是年龄、培训经历和政策感知等因素会影响新型职业农民参加职业教育与培训的意愿（吴兆明，2020）。收入和政策效果对智力回流有显著正向影响，独生子女以及农村籍在校大学生更不愿回流农村（杜莉等，2020）。

四、研究综述

上述研究成果有助于从宏观上把握"绿色农业发展""新供给"及"农民意愿"研究的现状和趋势，也为本书奠定了良好基础，但目前这一研究仍有许多待探索之处：

研究视角上，农业发展的研究主要集中在宏观层面的分析和探讨，而对实施和践行绿色发展的对象和主体的微观层面有待进一步探索和研究，尤其是对生态基础好，但传统农业和农民比重较大的经济欠发达地区缺乏深入而系统的研究。

研究内容上，国内对于农业发展新供给研究还刚起步，深层次、系统研究较少，如农民对绿色农业生产供给的意愿、认知和行为等方面缺乏系统研究；而农业生产方面的文献较多，正好可以作为研究农业生产绿色供给意愿的重要参考和借鉴。

研究方法上，绿色农业发展的研究主要还是以规范研究和定性研究为主，缺乏对该问题的实证研究和定量研究。新供给的理论研究日益深化，但与绿色农业发展结合的研究还较少。

以上三方面的不足是本书开展研究的逻辑起点，相对于已有研究的独到学术价值和应用价值，本书还将从新供给经济学的角度为农业发展提供新的理论支撑，拓展新供给经济学在实践中的应用。目前，新供给经济学还停留在理论研究层面，与某一产业相结合还处于探索阶段，本书将其拓展到农业产业发展中，结合社会学理论研究生产主体的绿色发展意愿，进一步丰富了农业产业发展的研究体系。同时，完善生态文明制度体系，为国家生态文明建设试验区（江西）绿色农业发展政策的推行提供智力支撑，为提高制度供给的有效性提供决策参考。

第四节　研究框架与研究内容

一、研究框架

提高绿色农业新供给是江西实现农业高质量发展的必由之路，要深入农业供给侧结构性改革，提升优质绿色农产品的供给，主要考虑解决以下问题：第一，江西绿色农业发展的供需整体架构与具体情况究竟怎样，国内外能够提供什么样的经验启示；第二，在相关国家战略、政策制度下，有哪些因素影响着绿色农业创造性和积极性的发挥，理论上国家相关政策与农民参与绿色农业生产的意愿之间是何种关系；第三，在生态文明以及高质量发展战略背景下，农民的绿色生产意愿、绿色生产过程、绿色销售和生活行为是否存在偏差，主要受什么因素影响；第四，农民对绿色农业供给的需求意愿是怎样的；第五，如何对江西绿色农业生产新供给系统进行顶层设计，并进行合适的制度安排等。运用农学、经济学、管理学、地理学和生态学等多学科融合的相关理论，探索性地研究并提出相应解决办法。

本书立足于习近平生态文明思想和生态经济学理论，遵循"现实问题→理论研究→对策建议"的思路，在研究过程中，以马克思主义生态农业思想、生产力和生产关系理论、马克思再生产理论、西方经济学等理论基础为依据，探讨了绿色农业新供给战略研究的理论基础、国内外实践探索，江西绿色农业新供给战略的发展现状、问题成因、影响因素及对策建议。

二、研究内容

全书内容共分八章。第一章为绪论，主要阐述所研究问题的背景、目的与意义，梳理与评析国内外相关研究，提出本研究的框架与内容、研究方法及可能取得的创新之处。第二章为理论探析，阐述了马克思主义关于农业供给相关理论、西方经济学中有关农业供给的相关理论、我国有关农业供给侧结构性改革的指导理论，更深层次分析、理解我国农业供给侧结构性改革的内涵和要义。第三章为案例研究，主要介绍和分析国内外典型案例，总结农业供给侧结构性改革的国内外实践经验，为江西农业供给侧结构性改革提供重要的参考借鉴。第四章为现状分析与问题提出，对江西在农业供给结构、经营结构、产品结构等方面取得的阶段性成果进行了归纳总结，客观评价其发展的效率与效益，认真梳理分析绿色农业发展依然存在短板的缘由。第五章为影响因素研究，以新供给经济学为切入点，从"产业优化、技术创新、人才培育和耕地保护"四个方面阐述新供给战略内涵。分析新供给战略背景下，要素配置、政策支持、市场和农户认知特征对江西农民种植意愿的影响，为种植意愿的实证分析提供理论支撑。第六章为实证研究，通过专家咨询、实地调研等方式，得出影响供给主体持续种植意愿的四个维度（即家庭特征、生产情况、市场特征和外部特征）20个变量，运用二元 Logistic 模型对调研数据进行科学分析，表明年龄、受教育程度、种植面积、资金获得能力、亩均产量、销售渠道、参与合作社情况、技术培训情况和政策关注度对供给主体持续种植意愿具有显著影响。第七章为路径研究，从产业结构调整、生产要素改革、市场化改革、产业融合发展等四个方面入手提出具体发展路径。在产业结构调整上，提出完善农业配套设施、优化产业布局、提高农产品供应水平等产业结构调整的具体措施；在生产要素改革上，提出激发劳动力要素、盘活农业闲置要素、推进农业技术要素协同创新、畅通信息要素等生产要素改革的具体措施；在市场化改革上，提出加强信息监测、拓宽销售渠道、提升农产品品牌等市场化改革的具体措施；在产业融合发展上，提出产业链条贯通、功能区拓展、产业园区带动等举措。第八章为机制保障，从农业发展涉及的主体功能、产业发展、市场供需、发展要素四方面入手，构建相应的保障机制。具体从主体支撑（构建完善多元主体参与机制）、产业支撑（完善产业融合发展机制）、市场支撑（推动形成市场供需平衡机制）、要素支撑（健全城乡融合发展机制）四方面为江西绿色农业发展提供保障与支撑，实现农业质量效益和竞争力稳步提升。

第五节　研究方法及创新

一、主要研究方法

本书主要采取实地调研来获取一手资料：根据研究需要，广泛搜集材料，设计并整理了与本研究密切相关的问题。带着这些问题深入江西绿色农业生产区域进行实地调查；同时，对有关部门进行调查、访谈，有效保障了实地考察过程中调查的针对性、客观性、准确性。

以探讨江西绿色农业新供给为主，并基于农民意愿进行研究，主要原因是在农业绿色发展中，必须以确保农民的利益为先决条件，才有可能实现绿色农业的新供给要求。通过采取规范研究和实证研究、定量与定性分析相结合的研究方法，将不同国家地区的实践经验结合起来，系统科学地研究江西农业供给侧结构性改革，探索绿色农业新供给发展路径。

研究方法：①文献分析法。通过文献梳理掌握国内外已有的相关理论和实践研究成果，把握发展脉络和研究前沿，争取创新目标的实现。②调查研究法。选择江西部分典型地区为样本，通过社会调查、实地走访、亲身体验、专家访谈、博弈分析及比较分析等方法对这些地区绿色农业产业发展过程中存在的问题、原因、对策进行系统研究。③实证研究法。运用二元 Logistic 模型等定量方法，对不同行为主体子系统及整体进行综合评价与科学研判。

二、研究创新

（一）研究视角的创新

紧紧围绕十八届五中全会提出的五大发展理念，结合 2017 年中央一号文件的"深入推进农业供给侧改革"要求，根据自身的研究基础和特长，综合运用历史考察、调查研究、比较研究、实证研究的方法，跨部门、跨学科地对生态基础好、农业比重大、农民传统意识强的江西绿色农业发展新供给展开研究，理论联系实际，具有时效性和针对性。

（二）研究内容的拓展

依托我国本土学者创新的新供给经济学理论对农业新供给进行全面、系统研究，不仅从政府、市场的角度，还从绿色生产的主体——农民意愿和行为出发研究江西绿色农业生产的影响因素，探讨调动农民农业生产积极性及增强其绿色农业生产能力的相应对策，为绿色农业新供给研究提供更新和更全面的视角。

通过查阅资料，发现目前关于江西农民绿色农产品供给意愿的研究成果不多，相关定量分析研究还比较缺乏。本书根据江西农业供给的实际情况，选取农业供给主体为研究对象，鉴于不同供给主体其供给意愿具体的评价指标存在部分差异，在构建评价指标体系的同时，结合实际，充分参考专家意见，构建了影响农民供给意愿的指标变量表，对部分农业供给主体进行调研，得出针对性研究结果。

第二章
农业供给侧结构性改革的理论探析

　　粮稳天下方安，14亿多人口要吃饭是我国最大的国情。党的十八大以来，粮食安全始终被视为治国理政的头等大事，新粮食安全观提出，只有牢牢把住粮食安全主动权，才能够带领亿万人民走出一条中国特色粮食安全之路。在百年未有之大变局和全球疫情的持续叠加影响下，习近平总书记提出"粮食生产年年要抓紧，面积、产量不能掉下来，供给、市场不能出问题""今后一个时期粮食需求还会持续增加，供求紧平衡将越来越紧，再加上国际形势复杂严峻，确保粮食安全的弦要始终绷得很紧很紧，宁可多生产、多储备一些，多了的压力和少了的压力不可同日而语"等重要论述。坚持走质量兴农之路，推动传统农业向现代农业转化，是深化农业供给侧结构性改革的重点，也是实施乡村振兴战略的重要部署。推动农业供给侧结构性改革过程中，要解决的不仅是产需不平衡问题，还需要进行深刻的思想变革和生产方式转变。

第一节　马克思主义关于农业供给的相关理论

　　马克思、恩格斯在《共产党宣言》中提出"把农业和工业结合起来，促使城乡对立逐步消失"。在发展农业过程中，只有严格遵循市场经济规律，农业供求关系才能不断获得新的平稳。2015 年，基于农业供给体系的质量和效率，为了更好地处理好农业生产、分配与消费的动态关系，我国提出"农业供给侧结构性改革"这一理念。众多专家将其与注重需求侧管理的凯恩斯主义、注重供给侧管理的供给学派之间的异同进行了深刻的解读（隋筱童，2017）。我国供给侧结构性改革的出发点为满足消费者需求，最终目的为优化生产要素配置以及调整现有经济结构，保证经济的数量和质量能够同步上升（杨美玲，2018）。为了更好地实现农业供给侧结构性改革，应深入学习马克思主义理论体系，从而更准确地把握其丰富内涵。

一、马克思主义农业生态思想

对农业生产的考察不仅限于农业生产本身，还需要关注最基本的也是最重要的人与自然之间的关系，这是马克思、恩格斯农业生态思想的主要特征。在分析这个思路的过程中，选取了很多农业生产的实际例子，通过这些例子说明人类不合理的生产行为造成的损害是难以修复的，非常容易受到大自然的报复（马克思，恩格斯，2009）。除此之外，马克思、恩格斯农业生态思想中涵盖人与自然之间关系的观点还包括以下几个方面：

人类在生产实践过程中自觉与自然进行一种平衡的物质交换，并追求相互间的和谐状态。马克思、恩格斯认为，人与自然之间的关系实际上是一种物质交换关系（马克思，1972），这种关系建立在劳动实践基础之上，农业生态思想的核心就是这种交换关系。它一方面体现在为了能够生存和发展下去，人类不能再保持对自然界严重的依附状态，通过生产劳动能够摆脱这种状态，从自然界中获得所需要的物质和能量；另一方面体现在由于物质交换具有永恒的自然必然性，因此实践过程中的劳动也具有这一特性。人类社会的物质交换形式多种多样，但是不管采取何种形式进行生产，物质的交换都是永恒的，因为人类生存的物质基础来源于物质交换。恩格斯指出："人们首先必须吃、喝、住、穿，然后才能从事政治、科学、艺术、宗教等"，他的这一观点说明了物质交换活动是任何社会制度之下都需要进行的社会活动，并且这个活动建立在生产实践基础之上。

人与自然想要实现和谐相处，重点是在人与人、人与自然之间存在的"两个和解"。马克思认为，如果人与自然、人与人之间存在矛盾与对立，关键问题在于资本主义的"异化劳动"（马克思，恩格斯，2009）。想要解决这类问题，唯一的路径是实现共产主义、自然主义和人道主义的和谐统一，最终实现人类同自然以及人类本身的和解。

综上，人类的生存无法离开自然界，因为自然界可以为人类提供生存过程中的一切资源，要清楚地认识到人类只是自然界中的一部分。在农业供给侧结构性改革的过程中也涉及人与自然之间关系的概念，如农业生产中化肥、农药等的使用会对自然造成破坏，因此提倡减少这类要素的使用；同时也禁止对土地进行无休止的开发和低效利用，提高对自然资源的利用效率，降低对环境的破坏程度，尽可能在生产过程中实现人与自然最大限度的和谐，让农民在绿水青山当中创造更多的财富（李国鹏，2019）。

二、生产力和生产关系理论

马克思主义说明了社会存在和社会意识两者的辩证关系，深刻揭示了两者之间的矛盾运动规律，这一规律为人类正确认识社会发展方向提供了科学的指导。生产力是作为人类社会生活和全部历史的基础而存在的，有现象表明工业效益递增的同时农业效益在递减，因此伴随着中国现代化的不断发展，农业在国民生产总值中的比重不断下降。推进农业供给侧结构性改革，如何解决效益偏低和综合竞争力不强的问题是关键

（陈文胜，2019）。

能否顺利推进农业供给侧结构性改革是由生产力与生产关系相互作用决定的，因此必须要处理好两者之间的关系。在生产力与生产关系的理论中，生产—分配—交换—消费的"对立统一"关系是最重要的。生产就是供给，没有生产就不会有分配、交换和消费等环节。马克思所讲的生产是建立在唯物历史观上的生产理论，其在著作《政治经济学批判导言》中就充分地表达了这一思想。马克思认为，物质生产是在一定历史阶段上的生产，生产包括社会产品以及生产关系的生产，但是生产—分配—交换—消费的"对立统一"关系是有主次之分的。其中，生产是决定性环节，没有生产也就没有后续的其他环节。第一，生产决定分配。生产不仅生产了劳动产品而且还生产了社会关系。分配对生产具有反作用，合理分配能够促进生产的发展；反之，会阻碍生产的发展。第二，生产决定消费。生产什么我们才能消费什么，但是消费对生产也具有重大的反作用，如果无法消费，那价值就得不到实现，最终导致无法进行生产。第三，生产决定交换。交换都是以生产出来的产品或者能力为基础的，没有生产就没有交换，并且生产决定交换的性质和发展程度。因此，生产—分配—交换—消费之间的关系是相互作用的，每一个有机整体都是一样的（孙景宇，2021）。生产即供给理论，为农业供给侧结构性改革提供了重要的理论依据，要想改变农业发展现状必须从供给入手。

粮食生产是农业生产的本质所在，而农业生产为人类的正常生活提供食物来源。农业劳动（包括简单的采集、狩猎、捕鱼、畜牧业等）是一切剩余劳动力的基础（严惠麟等，2021），最终目的是进行粮食生产。粮食生产是保障直接生产者生存和其他一切生产的首要条件，最广义的经济农业劳动就是用于粮食生产的劳动。此时，想要使农业剩余劳动力和农业剩余产品成为可能，必须具有足够的生产力，以及直接生产者的粮食生产活动并没有完全占用可用的劳动时间。一方面，农业劳动力是其他非农业劳动力独立存在的重要前提，农业生产在整个再生产体系中不可替代，奠定了农业在国民经济发展中的基础地位，在国家治理中发挥着突出作用；另一方面，农业劳动力的自然生产力对非农业劳动力有制约作用，自然生产力越高，农业劳动和非农业劳动分工的可能性就越大。因此，坚持农业农村优先发展，提高农业生产力水平，实现农业发展的全面跨越，是巩固农业作为国民经济基础地位的必然要求。

三、马克思主义再生产理论

总的来说，农业供给侧结构性改革是一项重大的制度创新，是我国适应和引领经济发展新常态下的一项重大举措，更是进一步提升农业竞争力的自主选择过程，追求建立更加合理的国民经济新体系，以保证我国经济发展能够沿着健康有序的轨道行稳致远（刘炜，2019）。马克思的再生产理论本质上来说是一种生产均衡理论，该理论可以帮助我们在深化农业供给侧结构性改革时形成正确的思路以及采取正确的方法。再生产理论认为经济的增长有必要保持一个稳定的比例关系，即经济发展在平衡与协调中展开，其本身所具有的内在的平衡机制极容易被破坏，一旦人们参与经济发展的行为变得贪婪和无序，经济均衡局面就容易被打破，从而导致经济危机。社会的发展很大部分依赖于经济增长的内在均衡，尽管每一次危机都会给经济增长带来巨大的损伤，但是经济危机的发生会使人们认识到保证经济稳定发展的重要性，实际上也为经济发展带来了跃升上新台阶的契机。

劳动生产率以及资本有机构成可以在技术进步后得到提高，但技术进步容易导致利润率下降。在生产扩张过程中，产业实现升级迭代的必备条件为知识的增长、技术的持续进步。内涵扩大再生产逐渐成为经济增长的一般趋势，货币资本积累是实现扩大再生产的基本条件。在这种趋势下，具有垄断性和优越性的知识与技术的发展会带给拥有者丰厚的回报。因此，注重发展知识与技术并对它们两者进行严格保护，容易取得高额利润；科学发展和技术进步可以使拥有者在竞争中取得绝对优势，此前由于利润率下降造成的损失也会被规避。最终，不仅使内涵扩大再生产在广度和深度上进行了延伸，也增强了外延扩大再生产的基础。

在市场中，企业一般都是依据生产成本售卖商品及相关的服务，最终计算出收入并获得平均利润。但农业本身具有一定的弱质性，抗风险能力差，容易受到市场冲击，只通过市场竞争取得平均利润，极容易出现投资减少、行业萎缩的现象，最终导致整个社会生产结构失衡。为了避免上述现象的产生，可以选择通过财政转移支付、财政补贴等方式使其平均利润高于社会平均水平。由此可见，生产价格机制发挥作用，不能只是依靠市场这一主体，也需要政府的参与，所以处理好政府与市场两者的关系、协调好其他各方的利益是必需的。在市场经济当中，政府需要对平均利润指标进行扶持或调控，当一个行业在竞争中的平均利润低于投资利润，行业工资低于平均工资时，需要通过政府的扶持来让整个社会的生产保持平衡。马克思的再生产理论主要是关于供给与需求均衡增长，该理论为更好地理解和指导中国供给侧结构性改革提供了重要指南。因此，马克思再生产理论的方法论意义和核心要义，是我国农业供给侧改革的重要依据。

四、马克思主义农业合作理论

自从有人类活动，就存在着人与人之间的合作，合作这一行为在人类历史上源远流长（苟兴朝等，2018）。伴随着 19 世纪三四十年代出现的现代合作经济，西方出现了相应的西方现代经济合作思想，它的来源包括莫尔、康柏内拉等哲学家早期的空想社会主义思想，尼姆学派和国家社会主义合作派的合作思想。马克思、恩格斯在吸收西方合作思想合理内核的基础上，提出了一套社会主义国家农业合作理论。马克思主义农业合作理论是关于社会主义国家农业合作实践的一般原理和方法论。农业供给侧结构性改革的关键在于"去库存、降成本、补短板",其着力点在优化农业产品结构、优化生产要素组合、创新农业经营模式、提高全要素生产力等多个方面。作为农业合作运动的组织载体,农业合作社逐渐演化成为农民专业合作社,而农民专业合作社正是当前推进农业供给侧结构性改革的主力军;农业供给侧结构性改革的主要任务之一就是培育包括农民专业合作社在内的新型农业经营主体。从本质上看,马克思主义农业合作理论及其相关的实践与农业供给侧结构性改革两者都是围绕农村生产关系、农业生产组织形式以及农业生产经营体制机制等展开的调整与变革,联系十分紧密。

①两者都强调变革或调整农村生产关系。我国推行农业供给侧结构性改革的原因之一在于,家庭联产承包经营体越来越不适应当前农业生产力发展的要求,变革和创新农村生产关系与农业生产经营模式成了首要选择。

②两者都强调提高农业生产组织化程度。马克思主义认为走合作之路是农民这一阶层的生存之道,当农业生产(即农业合作化)有组织地进行,会产生小农经济所不可比拟的优势。而当前农业呈现出的分散经营模式就是我国农业供给侧结构性改革的重要着力点,最终目的是提高农业生产组织化程度,以提高农户的市场竞争力。

③两者都重视优化配置农业生产要素。马克思主义农业合作理论中一个重要观点为通过改变生产要素组合能够提高农业生产效益。重新组合生产要素是农业合作化运动的实质。目前,我国农户呈现出的小规模分散经营存在众多弊端,正在倒逼农业生产要素进行优化配置,提高农业全要素生产率也是农业供给侧结构性改革的重要任务之一。

④两者均重视培育农业经营主体。农业供给侧结构性改革最急迫的三大任务之一,就是形成一批能够适应市场经济需求的新型经营主体。

他们既是农业合作运动的组织载体和经济实体，也是深入推进农业供给侧结构性改革的主力军。

第二节　西方经济学关于农业供给的相关理论

马克思主义科学实践观认为，理论与实践具有作用与反作用的关系（范希春，2020）。实施农业供给侧结构性改革，首先要对供给侧结构性改革的理论进行全面深入阐释，对西方信奉的萨伊定律和凯恩斯主义等供给理论进行全面总结。在西方，农业供给侧结构性改革这一概念并没有被明确提出，其农业发展主要经历了从传统农业向现代农业转化的过程。农业供给侧结构性改革与农业现代化两者之间具有辩证关系，它们的侧重点有一定的差别。首先，农业现代化是一项复杂的系统性工程，需要与世界经济的走势联系在一起考虑；其次，当前的农业供给侧结构性改革是农业现代化的基础，也是我国农业现代化的重要环节。

一、改造传统农业理论

美国著名经济学家西奥多·W.舒尔茨（Theodore W. Schultz）提出改造传统农业理论，对农业现代化具重大影响。舒尔兹认为，改造传统农业的关键在于引入新的现代农业生产要素。他认为从事传统农业这种经济行为是完全合理的，农民也能够对农产品市场中的价格变化做出合理的反应，但是想要实现经济增长并不能完全依赖传统的农业供给形势。因此，必须进行农业生产现代化。

首先，应该建立完善的适合改造传统农业的制度或者市场体系，以便传统农业能够更好地适应市场的变化；其次，需要从供给和需求两个方面创造条件，将现代的生产要素注入传统农业中；最后，农民作为从事农业生产最关键的人力资源，应该尽可能对其进行投资，因为生产要素中不仅包括土地、资金等，对农民的教育与培训也极其重要。综上，通过引进新技术和人力资本，来建设低投入、高产出的市场化高效农业是改造传统农业论的核心要点。生产现代化后，农业将不再只是为工业提供原料和劳动力，也能够很好地积累资金（西奥多·W.舒尔茨，1964）。此后，许多发展经济学家都坚定认为，农业是国民经济发展不可或缺的一环，并且大多数发展中国家的经济情况很大程度上取决于农业发展情况。

二、肥力保持理论

肥力保持理论来源于动植物管理方法的进步以及早期德国土壤学家所提出的土壤肥力枯竭概念。为了进一步增加和扩大畜肥的使用范围，英国研究人员利用集约的方式引入和使用绿肥作物、饲草来实现为土壤增肥的目的。在投资土地开发以及合并农场等日益增多的现象下，这种新的管理办法被广泛使用，最终单位土地的产量和农业总产出得到了显著增长。基于此，该方法在英国得到了大量农户的肯定以及主动普及。

此后，有学者在对土壤与植物的营养性质、原理进行研究时，提出了肥力枯竭学说。该学说的主要观点为任何一种农业体系都必须保障植物所吸收的土壤成分，如果土壤肥力枯竭，会对种植作物产生极大的危害，在这个基础之上，农业生产行为主体在追求一个能够保持特定土壤的自然水平及有机含量的最佳耕作方法。土壤肥力枯竭学说在后期被众多学者拓展，用来证明土地矿物和植物生长之间的关系以及验证农业生产的资本和报酬递减的假设等。自然资源稀缺假设在动植物管理方法的进步以及土壤肥力枯竭基础上提出，自然资源是稀缺的是其主要观点，而且这种稀缺性会随着经济的发展不断增强，即伴随着经济增长，自然资源稀缺不仅会对经济的增长具有一定的危害，对生活水平的提高也会产生负面影响。

三、速—拉模型：诱导型创新与资源代替论

日本经济学家速水佑次郎以及美国经济学家费农·拉坦在结合发达国家农业发展情况的基础之上提出了新的农业理论。该理论指出，农业技术的进步是农业生产率提高的关键，而农业生产率持续的提高能够促进农业现代化的实现。两位经济学家认为，特定国家所处的地理位置、拥有的资源禀赋决定了他们在促进农业生产率以及农业产出过程中能使用的最高技术。如，一个国家如果土地资源丰富但是劳动力稀缺，那么在生产过程中选择机械技术是最有效率的，相反就要采用生物化学技术。农业技术如何进行选择以及制度的变化都会受到地区资源禀赋状况和产品需求的影响，甚至可以把相对要素稀缺当成是农业技术进步的原因。农民这一主体容易受到相对价格变化这一情形的诱导，如果生产要素稀缺，多数农民会因节约生产要素以及提高农业生产率而选择寻找先进的农业技术，而供应商这一主体会被要求生产现代技术投入品，以替代较为稀缺的要素。基于大量的需求研究机构会倾向研发新的技术，这时候配套的制度能够形成一个有效的刺激机制，使研究工作与社会需求更快地达成一致（陶大镛，高鸿业等，1964）。该理论的主要观点为以实惠的生产要素代替昂贵的要素，最终实现一系列的要素替代。

四、西方经济学关于政府行为的理论探索

根据社会管理的需要，政府是在国家产生后按照一定的规则建立起来的，其作为组织机构体系为适用社会公共管理需要而产生，不仅对社会公共活动进行管理，也对社会经济活动进行管理。制度经济学认为，当一个领域或者地区处于新旧体制的转轨时期，此时的制度效率最高，

制度创新的过程中，经济增长率也最高。在研究农业供给侧结构性改革的过程中，有必要对政府的作用给予足够的关注，以下是西方经济学家对市场与政府关系的认识，大体分为四个阶段：

（一）重商主义：主张国家通过政治强权手段保护经济发展（15 世纪至 17 世纪）

重商主义是资本主义经济最初的经济学说，产生于封建自然经济向资本主义商品经济转变的过程中。重商主义的代表人物有托马斯·孟、威廉·配第等，他们主张国家应发展对外贸易，保护国内市场，使出口大于进口。由于每个国家都想使出口大于进口，则总有部分国家不能实现其目的，所以如果一国实现了出口大于进口，积累了大量财富，就是以其他国家的利益损失为代价的。要实现这一民族主义，一个国家就必须具备强大的军事力量，并向海外开拓殖民地和进行殖民地贸易的垄断，主导国际贸易规则。而这些目标（国家财富的增加、国际贸易中的保护主义、民族主义、殖民主义等）的实现，必须有一个强大的中央政府支持。通过强大的中央政府实现对全国的统一管制，实行关税壁垒保护国内市场，发展军事力量开拓海外市场和发展殖民地贸易等。因此，为了建立一个强大、富裕的民族国家，重商主义主张国家对经济社会生活进行干预，从此国家干预得以兴起。

（二）经济自由主义：主张政府对经济的干预应降至最低（18 世纪 80 年代至 20 世纪 20 年代）

古典经济学所包含的范围争议较大。为了说明政府行为主张变迁的方便，本书把古典经济学的范围限定在 18 世纪 80 年代至 20 世纪 20 年代。经济自由主义亦称"不干涉"主义，1776 年亚当·斯密在《国富论》中认为，社会经济活动存在着自然的、客观的规律。政府行为的范围主要是为私人经济活动充当"守夜人"。第一，保护好社会的总体发展，使其不容易受到来自其他独立社会的侵犯。第二，设立严正的司法机关，尽最大可能保护社会上的各种人不受他人的压迫或侵害。第三，建设并维护某些公共事业及公共设施。继亚当·斯密之后，法国的萨伊和英国的约·斯·穆勒等经济学家提出了类似的主张，萨伊认为供给能够自动创造需求，自由市场和自由企业具有内在平衡宏观经济的功能，政府旨在维护总供给平衡的干预是多余的。

（三）凯恩斯主义：主张政府对经济进行宏观调控（20世纪20—60年代）

1929—1933 年的资本主义经济危机，不仅说明了 20 世纪 20 年代资本主义发展从自由竞争阶段进入了垄断阶段后固有矛盾加深，也证明了市场并不是完全有效的。早在 1920 年，庇古就在《福利经济学》中论述了外部性这种市场失灵表明：仅依靠市场上自由竞争不能导致生产资源的最优配置。1926 年，在《自由主义的终结》中凯恩斯提出了对资本主义经济实行明智管理是必要的，1936 年凯恩斯又在《就业利息和货币通论》中对政府明智管理经济提出了具体的方法。凯恩斯在"三大心理规律"的基础上，认为社会总供求的平衡不能依靠市场机制自动实现。也就是说，单凭企业制度的自发调节以及自由的市场机制，社会总需求必然小于总供给。实现社会总供求平衡的办法是政府"相机抉择"地运用财政政策和货币政策管理社会需求，使得社会总供需平衡，从而消除经济危机。

（四）新自由主义：主张自由主义和干预主义并行（20世纪60年代以来）

新自由主义是指所有强调市场机制作用、不同意国家过多干预经济的经济理论。主要包括德国的新自由主义、哈耶克的新自由主义及新货币主义等。其共同特点都是针对凯恩斯主义政府干预经济活动提出了有限政府主张。社会经济既不是历史上完全自由的市场经济，也不是集中管理经济，而是二者混合的社会市场经济。经济的内在是稳定的，除非受到经济政策的干扰，尤其是无规则的经济政策，政府的作用在于为市场经济的正常运转打造良好的环境，而不是通过制定无规则的政策对市场机制或者经济活动进行干预。

第三节　我国农业供给侧结构性改革的理论探索

我国在进行农业供给侧结构性改革以及努力实现农业现代化进程中不乏自己的特色，但也同部分国家（如农业资源禀赋丰富的美国、加拿大，农业资源禀赋不足的日本、以色列）有相似之处。因此，在推动农业供给侧结构性改革过程中，想要最终完成农业现代化的目标，需要借鉴西方的相关理论与经验，更需要自主创新。供给侧结构性改革是新时代构建现代经济体系的主线，其中重要的一环是农业供给侧结构性改革。想要更加顺利地推进农业供给侧结构性改革，需要对供给侧结构性改革进行深入研究，中央农村工作会议强调，推进农业供给侧结构性改革是在"三农"领域的一场深刻变革，这是针对供需结构矛盾这一农业发展的主要矛盾提出的"治本之策"。中国特色社会主义政治经济学、新结构经济学理论、新供给经济增长理论为农业供给侧结构性改革的内涵界定、重点改革方向等提供了理论参考。在这些理论指导之下，农业供给侧结构性改革的方向更加明确，即我国农业供给侧结构性改革是一项关于解放生产力、发展生产力的巨大工程，需要市场和政府双方的紧密配合，以更好地实现"去库存，降成本，补短板"的改革效果。提高供给结构适应度和灵活度以更好地解决新发展阶段我国农业结构失衡的问题，同时应更加深入理解、领会农业供给侧结构性改革的丰富内涵。

一、中国特色社会主义政治经济学

党的十八大以来，马克思主义政治经济学的基本原理与中国特色社会主义的实践结合了起来，一系列的新思想新论断被提出，创新并丰富了中国特色社会主义政治经济学理论（杨亮，2021）。其核心内容之一为创造条件不断解放生产力、发展生产力。农业供给侧结构性改革思想是中国特色社会主义政治经济学的重要组成部分。习近平总书记以马克思主义政治家、思想家、战略家的深刻洞察力、敏锐判断力、理论创造力（周强，2021），深刻总结并充分运用我国经济发展的成功经验，直面新时代的新目标新问题，提出一系列新理念新思想新战略，形成和发展了习近平经济思想，是运用马克思主义政治经济学基本原理指导新时代经济发展实践形成的重大理论成果，为认识经济运行过程、把握经济发展规律以及做好经济发展工作提供科学指南。需要在经济工作各领域的全过程中贯彻落实习近平经济思想，其中就包含深化供给侧结构性改革助力构建新发展格局。农业是国民经济的支柱性产业，面临着结构失衡的问题，需要使用改革的方法来解决，农业供给侧结构性改革是供给侧结构性改革的重要组成部分。

农业农村发展不断迈上新台阶，进入新的历史阶段，我国农业在可持续发展上面临着诸多压力。通过我国农业人口与城镇人口人均可支配收入对比可以看出农业发展水平相对落后。推动农业供给侧结构性改革是在保障粮食安全的基础之上增加农产品的有效供给，推动农业生产提质增效，破解农业发展困境，最终增加农民收入，推进共同富裕。农业供给侧结构性改革是一次深刻的农业结构调整，更加注重效益、质量以及可持续发展，供给体系优化，最终的目的是让城市消费者和农民双赢。

由于农业供给侧结构性改革本质上是对农业经济制度的改革和完

善，目的是最大限度解放和发展农业生产力。因此，现阶段通过农业供给侧结构性改革补齐农村经济体制改革的短板，是进一步解放和发展农业农村生产力的关键。通过以提高农业供给能力、供给水平、供给质量为主攻方向，努力实现农业增效、农民增收、农村增绿。我国推动农业供给侧结构性改革，既不能回到传统计划经济的老路，也不能全盘接受西方经济学的理论，走资本主义道路。只有坚持马克思主义基本立场、观点和方法，并从中国特色社会主义政治经济学新思想的角度入手，才可以正确认识和理解我国农业供给侧结构性改革的科学内涵。

二、新结构经济学理论

新结构经济学理论认为，经济结构内的要素禀赋变化和持续的技术创新是经济体重要的内在组成部分，相应的产业结构也会随着发展阶段的不同而不同（林毅夫，2019）。针对每一种产业结构其实都需要相应的基础设施来保障它的运营和交易，而经济发展是一个动态的结构变迁过程，想要实现经济的增长，企业需要去选择较优的技术和产业以形成比较竞争优势，过程中还需要构建能够反应要素稀缺性的价格体系。因此，产业升级是经济发展过程中必然产生的现象，是"硬件"和"软件"基础设施的相应改善。这种升级和改善需要一个内在的协调机制，对于企业的交易成本和投资回报来说具有很大的外部性，而一个国家只有同时用好政府和市场两只手才能实现快速、包容、可持续的增长。因此，除了市场机制，政府需要在技术创新和结构调整的过程中发挥积极作用。农业供给侧结构性改革是在我国农业综合生产能力不断迈上新台阶，农业转型稳步推进以及现代农业发展日益巩固的背景之下提出的。为了提高农产品供给体系的质量和效率，使农产品供给数量充足，真正形成结构合理、保障有力的农产品有效供给，改革的重点应放在构建现代化的生产经营体系、深化关键环节改革以及政府加强粮食安全保障机制建设上。

新结构经济学认为，经济发展的本质在于技术、产业以及关于基础设施制度的安排不断发生变迁，这个过程中只有政府和市场都参与进来，才能顺利进行，新结构经济学将"结构"引进现代经济学的理论框架之中，从要素禀赋结构出发将产业技术以及基础设施的制度化安排内生化（赵秋运等，2018）。

三、新供给经济增长理论

新供给经济增长理论是从供给侧的角度把经济增长的要素定义为人口、土地与资源、制度、科技以及资本等五个要素，认为经济增长的根本动力在于这五个要素。理论模型可以表示为：

$$G=f（L,C,R,T,I）\tag{2.1}$$

其中，G表示经济增长，L代表人口，C代表资本，R代表土地与自然资源，T代表科技，I代表制度。这五个要素基于经济发展的不同阶段，根据发展规律在经济自然增长中发挥着不同的作用力度和影响效果。在经济发展的前期，土地与自然资源、人口以及资本是发挥作用相对较为显著的要素。当经济发展进入中等收入阶段，上述因素对于经济增长的作用力呈现出不可避免的下滑趋势，但是这种下滑会被科技和制度这两大因素发挥出的巨大潜力所对冲。此时，这两个因素成为全要素生产率提高的主要贡献因素。新经济增长理论的核心是释放供给约束，包括人口数量以及流动约束、资本约束、土地与资源约束、科技约束和制度约束，让这五大要素在经济发展过程中充分涌流（王佳方，2020）。

有效聚合生产要素是农业供给侧结构性改革强调的重点，也是促进农业供给侧结构性改革的强大动力。不仅与乡村生产、生活、生态紧密相关，也关系着农业、服务业和加工业的高质量发展。想要有效聚合农业产业发展的各要素，为农业供给侧结构性改革提供源源不断的强大动力，需要协同好政府主导、农民主体、科技支撑、企业助力、社会参与，同时协调好政府与市场、乡村与城市、短期与长期的关系。

四、农业供给侧结构性改革内涵

马克思主义认为，事物内部的矛盾性是事物发展的根本原因，社会发展的动力理应从社会内部去寻找。我国农业供给侧结构性改革与西方供给学派存在质的差异，在于两者社会发展阶段和性质上存在本质区别。我国农业供给侧结构性改革理论渊源为中国特色社会主义政治经济学，更加关注农业发展面临的新形势新问题。从马克思主义政治经济学的角度来看，其本质是对生产方式的调整和完善，以便理顺生产、分配、消费以及交换四个相互作用的环节。

农业供给侧结构性改革的提出，不仅建立在学习众多经典理论和分析所处宏观背景的基础之上，更是源于农业发展背景的变化。在供求关系上，表现为总量的不足，也体现在结构内部各个分量的不足。在市场空间上，农产品越来越受到国际国内两个市场的影响；农产品成本价格的变化令成本竞争力逐渐丧失；生产与消费结构的变化以及农民收入支持政策的变化（郭庆海，2017）。而供给侧结构性改革的理论渊源为19世纪初的法国经济学（徐朝卫，董江爱，2018），它认为供给可以自动创造需求，倡导的是经济上的不干预和放任自由，但就算是在资本主义国家，这也只适用于经济常态时期，并不能解决经济周期的弊病——经济危机。这些主张对我国的市场经济产生了深远影响，在运用西方的理论来解决我国的经济问题时并不能生搬硬套，需要根据我们自己的国情与特色选择适合的经济调节手段。供给侧结构性改革，既着眼当前又立足长远，不仅仅强调供给也关注需求；在完善生产关系的基础上也突出发展社会生产力，既发挥市场在资源配置中的决定性作用又更好发挥政府作用。从整体来看，要把握农业供给侧结构性改革的实质，可以通过梳理"农业 + 供给侧 + 结构性 + 改革"几个部分的关系进行理解。

农业相对于工业来说具有其特殊性。农业更加依赖土地这一资源，所以也更加强调绿色发展，当前农业发展方面的重点任务是去库存、补短板、降成本，存在成本高和价格低的双重挤压，导致农业竞争力低下。供给侧和需求侧是经济活动的两个方面，共同促进经济的增长，对于需求侧而言改善供给是促进经济持续健康发展的根本之策。因此，在新的背景之下，农业的自身发展需要立足在供给侧方面，通过完善农业供给侧的机制体制，破解农业发展过程中的难题。"结构性"是一场更加全面和更加深入的改革，我国农业供给经历了供给不足、供给结构单一、供过于求、农民收益减少到有效供给不足等几个阶段，过程中进行了多次农业结构调整，此次供给侧结构性调整深化了改革的针对性，主要任务是通过结构性改革提高农产品质量安全水平、激活各类农业生产要素潜能、加强农业科技创新水平等。"改革"是农业供给侧结构性改革的核心关键词，旨在通过改革更好地解放和发展农村生产力，增加农民收入（龙作联，2017）。

在供给侧结构性改革提出之初，有学者认为供给侧结构性改革的内涵应该体现在以下几个方面：重组和优化农业生产要素，以实现最优资源配置；优化农业生产及产品供给结构；增强农产品的有效供给；不断提高农民收入水平（江维国，2016）。国家在 2016 年出台的相关意见指出：在农业供给侧结构性改革的过程中需要完成"强化市场需求的导向作用、对农业生产结构做出优化调整"等任务。说明农业供给侧结构性改革过程中有必要处理好政府与市场之间的关系，而供给侧结构性改革主要是围绕市场主体进行改革，改革的对象是农产品和农产品服务等方面的需求，通过一系列改革的措施，推动农业生产要素实现最优配置，并且适应市场经济体制的要求，建立起新的生产经营制度。通过农业供给侧结构性改革，能让农业更好地适应市场变化，提高农业供给的有效性和针对性，在满足消费者需求的同时，实现农业的有效发展（张社梅，2017）。

2017 年 2 月，相关政府文件提出加快培育农业农村发展新动能工作的重中之重在于农业供给侧结构性改革。同时，也明确了此次改革的内涵，即保障国家粮食安全是第一位的，在此基础之上，农业供给侧结构性改革的主要方向是提高农业供给质量；根本途径为体制改革和机制创新；通过优化农业产业体系、生产体系、经营体系来提高土地生产率、资源利用率、劳动生产率；紧紧围绕市场需求的变化，最终保障有效供给并实现农民收入增加，满足农业农村发展从过度依赖资源消耗，主要满足数量需求，转变为注重质量需求，追求绿色生态可持续性。

第三章
农业供给侧结构性改革的国内外经验

近年来，我国农业农村经济稳定发展，粮食产量逐渐攀升。2021年，全国粮食产量再创新高，达到 13657 亿斤，连续 7 年保持在 1.3 万亿斤以上；农村居民收入持续增长，人均可支配收入已达 18931 元。农业、农村的稳定向好发展，为经济社会的健康持续发展提供了重要支撑，但同时也应该看到农业农村在发展过程中存在一些不足，如农业产业结构失衡、农业生产要素配置效率低、农业科技创新支撑不足、农业产业保障制度亟须完善等，这些问题制约了我国农业产业的进一步发展。虽然农业在不同国家或地区的发展现状和轨迹不尽相同，但在农业改革过程中存有相似之处，可以相互吸收和借鉴其中的有益经验、思路。本书主要选取美国、荷兰、澳大利亚、日本等具有特色的国家来介绍其农业改革经验，选用浙江省衢州市衢江区、四川省崇州市、福建省漳州市作为国内典型案例，旨在为江西农业供给侧结构性改革提供重要参考借鉴。

第一节　国外经验

随着农业供给侧结构性改革的不断推进，我国农业发展取得了长足进步，农业产值和农民收入不断攀升，但是与美国、欧盟、日本等发达国家相比仍有一定差距，特别是他们在农业产业结构调整、农业科技创新、农业政策保障等方面有许多成功的经验，对正处在农业供给侧结构性改革风口的中国具有很好的借鉴意义。本节通过梳理欧美、日本等发达国家和地区农业现代化改革的经验和思路，总结好的做法用于借鉴参考。

一、美国

作为西方现代化强国，美国农业已经由传统意义上的劳动密集型产业向技术、资本密集型产业过渡，具有农业生产机械化率高、劳动力素质高、生产效率高等特点。但在发展过程中也曾遇到过库存高、供需结构不合理、农民收入不稳定以及环境污染等问题，美国采取了包括建设市场化的农业体系、优化调整农业产业结构、加强农业科技与创新、完善农业政策保障（王晨，2018；江小国等，2016）等一系列措施来促进农业改革和发展。

（一）建设市场化的农业体系

农业市场化是指农业资源配置方式由以政府分配为主向以市场配置为主转化的同时，让价值规律在农业产供销等环节发挥基础性作用的过程，有利于农业资源优化配置。对于农业生产来说，农产品市场化的发展使得以市场为主体的资源实现了有效的优化配置。在农业市场化过程中，美国主要采取了制定综合的农业信贷制度、健全农业期货市场、完善农产品保险制度、大力发展集中经营的农业合作社等措施。

农业信贷方面。考虑到农业对自然环境和经济波动的脆弱性，以及农民往往收入来源单一、固定资产较少、偿债能力有限，美国商业银行在农业信贷过程中增加了许多附加条件以减轻农民的负担。为解决贷款金额小的问题，使农民更容易获得信贷支持，政府发布法案，资助建立信贷机构，通过参与农民购买土地，帮助农民获得农业生产经营资金。继续落实法案，建立和完善农业信贷体系，贷款的利率和期限也比较优惠。

农业期货市场方面。自19世纪中期以来，美国建立了期货市场，如芝加哥商会和明尼阿波利斯玉米交易所，政府在交易过程中发挥着调节农业生产者风险、稳定市场价格和决定未来价格的关键作用。到了20世纪初，美国农业部开始在农产品期货市场上使用期权来控制农产品的价格，与政府规定的农业保护价格相比，通过期货市场更有利于规避农民生产农产品再卖出时的价格波动风险，刺激农民生产，规避和分散风险，提高农业生产者的市场竞争意识。

农产品保险方面。19世纪末20世纪初，美国政府非常重视私营保险公司在农业保险业务中的失败，因此，从1922年开始，美国政府成立了专门的委员会来分析和管理农业保险，加大农业生产经营活动保险补贴力度，逐步提高农业产量和农民利益。政府为农民提供50%—80%的保险费用支持，并通过特别救灾援助项目减少用户损失，以应对未覆盖或覆盖不足的风险（柴婷，2019）。

农业合作社方面。农村合作社是美国农业的主要生产主体。他们联合个体农民整合农业资源，包括生产所需的土地、劳动力和种子肥料，并通过物流服务将种植的粮食出售给生产者、加工者等。农业合作社有效连接了农业生产的各个环节。目前，美国小麦、玉米、大豆等主要农产品都形成了相应的农村合作社，为美国农业供需平衡的推进发挥了重要作用（赵玉姝等，2017）。

（二）加快农业产业结构的优化调整

优化调整农业产业结构，有利于合理配置农业资源，促进农业产业升级转型。美国在农业产业结构调整方面采取了诸多有益措施，如积极加强农业产业各个环节的要素投入：加强农业生产前环节要素投入、农业生产中环节要素投入、农业生产后环节要素投入。通过加强农业产业发展各个环节要素的投入，进一步推动了美国农业现代化进程，加快了生产前、生产中、生产后全产业链进程，促进了农业产业结构的不断优化。加强农业产前、产中以及产后环节的有机联系，实现了农工商一体化发展。一方面，通过公司制的方式，将工商资本与农业产业有机结合，解决农业生产中的资金问题，促进农业市场化、专业化发展；另一方面，通过合作社的形式，有效促进了农业产业结构的产销一体化，实现农业生产前、生产中、生产后的有机结合。

不断完善和构筑现代农业产业体系。一方面，积极探索农业的多种功能，挖掘农业资源的经济增长潜力，进而形成更加多元的农业产业形态，完善农业产业体系，优化农业产业结构；另一方面，在特定产业部门积极发展具有自身优势的产业，形成现代农业产业体系。此外，加快信息化与农业发展的有机衔接，推进农业信息产业体系建设，运用信息化技术和管理经验推动农业转型升级（王晨，2018）。

（三）实现农业科技与创新

科学技术是第一生产力，农业供给侧结构性改革和农业现代化离不开农业科技与创新的支撑。美国在农业科技创新方面有许多先进经验可供参考。首先是高度机械化生产。主要采用高度机械化的生产经营模式，其耕地面积广袤，达到28.15亿亩，且70%以上的耕地集中在大平原和内陆地区，呈大规模连片分布。这一先天优势为美国农业机械化的发展提供了条件。目前，已经实现了播种、田间管理和收获各环节的机械化。通过现代农业机械设备，实现了生产资料的精确定位和精准匹配，有效地提高了生产效率，节约了成本。

重视农业科研与创新。在农业技术创新方面，政府非常重视农业技术的研发和应用。其中，研发主要依托国立高校，采取教育、科研、推广"三合一"的模式，开展多种形式和层次的研发。支持地方农业企业与知名高校、科研院所共同承担研发项目。同时，重视人才培养，积极引进高层次复合型人才和相关专业实用人才，给予相关政策补贴（王晓鸿等，2018）。

加强高质量农产品供给。美国农业生产者的首要目标是提供高质量的有机农产品。早在 2000 年，美国就引入了有机农产品生产、运输和加工的标准体系。近年来，为了支持有机农产品的生产，农业部设立了 5000 万美元的基金，帮助企业改善农产品的运输和加工，为消费者提供绿色健康的食品。时至今日，美国已成为有机农产品大国，其优质农产品远销海外，深受欢迎，成为全球有机农产品的供应商。

高度重视农业劳动力素质的提升。在美国，农业就业人口约占全国总就业人口的 0.7%，仅少量的劳动力就带来了巨大的产值。全国农业劳动生产率如此之高的原因之一是农业劳动力总体素质较高，全面普及了高中教育，实现了高等教育大众化。政府高度重视农业劳动者的素质教育，将农业院校与社会培训机构相结合，形成了教育、科研、推广相结合的农业教育体系，使农民从根本上掌握生产技术，激发农民的技术创新潜力（陈欢，2019）。

（四）具有完善的政策保障支持

完善的政策保障是农业现代化的重要支撑。美国在农业政策保障方面的经验值得借鉴。首先是完善的财政支农政策。许多农产品的产量和出口量均居世界第一，除了优越的自然条件、发达的农业生产力等因素外，还离不开完善的财政支农政策，包括农产品价格补贴政策，基金化援助补贴计划以及各种有关农业和农村的补贴法案。在各种农业补贴政策的支持下，农业产业保持了较快的发展速度，同时其农业现代化地位也丝毫没有动摇。近些年，美国农业相关法案的出台主要适应了市场的发展，政府对农业生产的干预相比以前大大减少，支持农业的手段更加科学合理（赵海月，2017；王晓鸿，2018）。

健全的农业金融体系，保障资本供给。农业金融形成了政策金融、合作金融、商业金融、农业保险等一系列分工明确、分工合理的完整金融体系，为农业提供保障。为了对农业提供财政支持，政府还建立了农业信贷体系，这些资金被纳入政府的预算支出并予以冲销。

健全的贸易政策和农业资源环境保护政策。美国建立了一系列的贸易支持政策，不仅增强了本国农产品的国际竞争力，而且扩大了农产品的市场份额，提供农产品出口价格补贴和出口信贷以扩大出口需求，并通过建立农产品行业协会拓展了国际市场。此外，政府的自然资源保护政策也在农业发展中发挥了重要作用。政府通过立法制定各种污染控制标准，并通过有效的执法机制实施，有效保障了农业资源环境，提高了农业的健康持续发展（陈欢，2019）。

二、欧盟

虽然欧盟是由成员国根据法律协议组成的联盟，其成员国之间存在不同的利益而相互制约，但各成员国的农业政策有许多共同之处，并且农业产业健康持续发展，其中的主要举措包括优化农业产业结构、加大财政支农政策、完善农村基础设施和维护农业环境可持续性。

（一）优化农业产业结构

欧盟共同农业政策的一个重要原则是共同承担财政责任，进口农产品征收的关税由成员国统一上缴欧盟共同基金，主要用于优化农业产业结构。2000年以来，欧盟对共同农业政策进行了重大调整，从以往注重提高农产品自给率到促进农业可持续发展，提高农产品质量，大力支持有机食品供应，引导产业结构调整，提升农业竞争力，如2002年欧盟发布了更加严格的食品安全和生态环境标准，要求各成员国更加重视食品安全建设和农业生态保护。自2005年以来，欧盟还大幅减少了对大型农场的直接收入补贴，专门增加了对农村基础设施的投资，改善了农业发展条件。

（二）完善财政支农政策

欧盟农业一体化进程以 1990 年为分水岭。从欧盟成立到 1990 年，欧盟成员国的农产品市场价格远高于国际市场价格，主要是由于统一的价格支持政策。在扶持政策中，价格干预、门槛干预和目标价格政策等三项具体政策发挥着重要作用。1990 年以后，价格支持政策不再盛行，取而代之的是对农业的直接补贴政策，具体数额根据不同的行业而定。欧盟还从支持农业生产、提高农业技术水平、完善配套基础设施建设等方面保持农村农业的发展。为了补充农业直接补贴，欧盟还给予农民相当比例的税收优惠，鼓励农民通过间接渠道进行农业生产。德国和法国都采取了相应措施。德国农民缴纳的税率低于所有行业；法国对购买的所有农业生产资料降价 10%，这相当于税收的返还。农业机械使用的燃料不征税。此外，欧盟还不遗余力地改善农业环境，提高基础设施建设水平（赵海月，2017）。

（三）维护农业环境可持续性

欧盟支持农村发展的三大目标包括：农业可持续生产，防止农民因效率低下而退出生产，采取的措施主要是直接补贴和对新农民的人力资源培育；农村基础设施与生态环境的可持续性，主要是加大对农村基础设施等公共产品的投入；农村社会的可持续性，防止农村在农业现代化程度提高后因无法吸收新的就业机会而衰落，主要措施是加大农村基本公共服务力度，鼓励发展旅游等多元产业（孙飞翔，2017）。

三、荷兰

荷兰位于欧洲西部，是典型的人多地少国家，人均耕地面积约 0.1公顷，与我国情况相似。由于荷兰的耕地面积有限，其农业产业发展更加注重生产效率和质量，其规范有序的市场经营模式、充分发挥农村合作社作用、完善农业科研教育体系、调整农业产业结构等有益措施值得参考。

（一）规范有序的市场经营模式

荷兰的农产品拥有完整、规范的销售体系。通过向市场发布商品生产信息和质量标准，可以有效地为生产者和消费者提供参考，调节市场供求，每一个温室产品在生产过程中都标明生产厂家、注册商标和品牌，供消费者识别和购买。荷兰的农产品市场分类清晰、集中，如花卉拍卖市场、蔬菜拍卖市场、温室操作设备市场等。以世界上最大的花卉市场阿斯米尔联合花卉拍卖市场为例，每个进入市场的植物都要经过特定的生产、销售和运输程序。标准质检后，下一步马上送到冷库和仓储仓库并有序放置等待上市拍卖。这些过程多为机械操作，无须人工劳动。批发商根据市场提供的产品信息进行采购，产品销售后，根据客户要求进行包装，送到发货中心进行植物检疫检验和发货，然后空运至美国、英国等世界各地。通过严格规范的程序，阿斯米尔花卉拍卖会上每天售出的花卉多达 1400 万朵，全年共售出 35 亿朵，其中用于出口的花卉可带来 50 亿荷兰盾的贸易顺差，为荷兰农业带来了巨大的价值。

（二）充分发挥农村合作社作用

荷兰农业合作社发展全面，涵盖生产、销售、信贷、产品加工、服务等各个方面。按照农业产业化发展的标准，分布在产业链的各个环节。合作社分为两种：简单合作社和复杂合作社。简单合作社的结构是农民（会员）通过缴纳会员费生产相同的农产品，这些农民将相同的产品收集在一起进行统一销售，他们是非营利性的合作社，只是向成员提供服务；复杂合作社规模大，有严格、完整的组织管理制度，生产类似农产品的农民形成跨区域的合作社，以成员的名义参与合作社的生产经营。合作社采用现代企业管理制度，最高决策层是董事会，再上一级是会员代表大会。在会员代表大会下，按职能设置管理机构，为会员的采购、生产、加工、销售以及资金准备提供全方位服务，对市场起到重要的调节作用。农业协会也是政府与农业企业合作形成的重要农业合作组织，他们不仅是生产者和消费者之间的中间人，而且是双方利益的保障。

（三）具有完备的农业科研教育体系

知识和技术是农业创新的重要手段，荷兰政府非常重视技术研发、教育和技术推广。政府专门设立了从事农业政策和科学研究的管理机构，即"农业、自然资源管理和渔业部"。其农业研究和推广机构主要包括农业研究所、研究站和区域研究中心。农业科学院下设 11 个研究所和 1 个后勤服务机构，致力于基础研究、战略研究和实践研究，在农业、渔业、自然资源管理等研究领域积累了丰富的经验，科研经费来自农林水产部，占农林水产部农业投资总额的三分之二；9 个研究站和 34 个区域研究中心旨在解决农业生产中遇到的实际问题，其研究经费由农水部与主要农业经营主体 1∶1 分担，完备的科教体系成为农业发展的巨大支撑（陈欢，2019）。

（四）调整农业产业结构

为推动农业产业结构调整进程，主要采取了三方面的措施：积极推进农业专业化、市场化发展；大力发展畜牧业和园艺业，提高农业产业竞争力；深化对农业政策的支持，促进了农业产业结构调整。此外，积极推动农业参与国际市场竞争，拓展国际市场销售渠道，优化农业对外贸易结构；加快农业基础设施建设，特别是农田水利设施建设和升级；加强农业知识产权保护，有效促进农业产业高效、健康、可持续发展，为农业产业结构调整提供了强大的推动力（王晨，2018）。

四、澳大利亚

作为现代化的农业大国，澳大利亚主要农产品在国际上具有很强的竞争力。政府始终将农业作为国民经济的主导产业，根据实际需要不断调整和优化农业发展方向，在发展过程中逐渐形成了自己鲜明的特色。

（一）制定高标准农业市场体系

因澳大利亚人口少、牧场天然、平原广阔，且农业发展主要依靠出口。所以，其为满足不同国家的需求，设立了农产品出口标准，以不断提高优质农产品的生产。政府制定了从生产到销售各个领域的综合农业标准，包括农产品的种类和用途、储存标准、运输程序等高标准的市场体系为其出口海外提供了重要指导。首先，政府为所有农业指标制定了易于量化的标准和透明的测试方法、程序。为了减少农产品出口过程中的重复检查，对市场上的农产品以国际高标准来衡量其质量。其次，政府严格界定和划分农业生产经营的责任，严格区分农业标准的不同部门，检验检疫总局是标准执行的重要机构。对销售到境外的不符合规定标准的农产品，予以扣留，不予出口。最后，通过出台相关政策和法律支持，确保农业朝着标准化、规模化方向发展。还通过政府措施确保农产品质量管理。政府在指南中也发挥了积极作用，农业协会可以发挥自律作用，促进农业质量管理体系的标准化，提高农产品质量（柴婷，2019）。

（二）采取信息化的农业管理方式

澳大利亚非常重视收集、处理、分析和使用有关农业和信息的各种数据，建立早期预警系统，以监测农业生产和农业市场的运作情况。在农业信息采集方式上，建立了农民自愿参与、农业相关机构和组织参与的农业信息采集系统。利用航空和空间技术收集遥感、大尺度气象和气候信息，再利用卫星观测光谱信息进行数字化转换，建立农业统计和预警系统，用于气象预报、观测土壤实施状况研究等工作。在农业信息研究方面，政府与各部门、高校、农业协会等相关机构建立了协调良好的农业研究小组，设计了较为先进的 SU 预警系统。在农业信息传播方面，采用定期分段预报报告的方式传播农业信息，通过报纸、网络、电视、市场前景分析评论等多种渠道传播各种农产品生产信息。近年来，农业已成为大规模数据应用的关键领域。随着互联网、云等技术的发展，出台了将农业生产与使用大规模数据相结合的重要国家战略，积极运用广泛的概念、方法和技术扩大农业信息的收集和使用（柴婷，2019）。

（三）注重发展生态农业、绿色农业

虽然澳大利亚土地面积广阔，有大量的耕地、草地和丰富的淡水资源，但发展农业往往需要减少林地和湿地的面积。随着机械化农场管理方法的实施，土地出现贫瘠，地下水被过度利用，采矿、土地盐渍化、酸化更加严重，农业污染和环境退化问题越来越严重。因此，政府在农业供给侧改革中将农业发展与环境保护紧密结合，坚持绿色、健康、可持续发展的理念，将生态绿色农业作为农业发展的重点，重视对环境保护责任的监督管理。在环境保护和管理方面，各级政府责任明确。联邦政府负责制定相关政策、法律和法规；州政府负责具体的环境保护管理和监督；市政府主要负责农业废弃物的处理和管理。通过这种模式，将联邦政府、州政府、市政府有效地联系在一起，三者之间的相互作用形成了相对完整的环境保护和监管体系，有效地将生态环境保护纳入法制轨道，促进农业可持续发展（王晓鸿，2018；赵玉姝，2017；江小国，2016）。

（四）提供优质高效农业社会化服务体系

澳大利亚农业社会化服务分为三类：生产服务、供销服务和信息服务。生产服务，大部分生产操作（如收割庄稼、剪羊毛、采摘瓜果等）都是由专业人员完成，这部分工作人员常年从事这类工作，具有熟练的技能水平和先进的技术设备，生产操作效率较高。供销服务，从生产经营的角度，政府和专业公司为农民提供原材料和农产品销售服务，为适应国际市场的需要，政府为每一种农产品设立了销售委员会，隶属于联邦第一工业和能源部，以维护国内农产品的全球形象。此外，该部门还负责外国农产品的检疫检验，防止有害生物对国家农业生态环境的破坏。

信息服务，政府为农民提供三种信息服务：经济、技术和市场。在经济方面，针对国内农业规模大、投入大以及不同金融机构市场利率不均衡的特点，政府开发了一套完整有效的农业核算体系。例如，买方的风险偏好和经济实力，建议从事什么样的农业生产、向谁借款、如何处理与税务机关的关系等。发达的经济核算体系和市场信息体系为农民规避交易风险、实现农业安全生产提供了有效保障。在市场方面，每年年初由联邦第一产业和能源部牵头，由其下属的农业与资源经济局召开农业展望会议，为农业经营主体和农业相关机构提供相关市场信息。在技术方面，每个邦政府根据当地的自然特征和生产需求，独立设立和监督农业技术推广服务机构。这种做法一方面有利于减少联邦政府的财政支出，提高资金使用效率。另一方面，它减少了联邦政府对州政府的承诺，行政干预农业推广服务，增加地方政府自主权，提高工作效率（赵玉姝，2017）。

五、日本

随着世界农产品市场竞争的加剧和二战后的经济萧条，日本为了有效解决农村人口老龄化、农产品产量下降和流通不良等问题，开始发展生态绿色农业，注重从产业融合的角度发展现代农业，多措并举调整优化农业产业结构，促进农业健康可持续发展。

（一）农业财政支持政策

实行农业价格补贴政策。价格补贴是日本最早采取的补贴政策。自1980年以来，日本政府普遍对30多种农产品进行价格补贴，比较典型的有畜牧业、蔬菜行业、农产品购销差价补贴以及收入差价补贴等。正是许多产品的补贴，才带来了日本农业产出的高产值。据统计，价格补贴拉动的产值增长占农业总产值的一半以上，可以看出，日本的价格补贴政策取得了良好的效果。

健全金融供给体系。20世纪50年代以后，日本为了统一财政资金，采取了中央政府领导下的财政拨款制度。从1960年到1980年，日本政府逐渐关注农业发展潜力，在农业上的财政支出增长了20倍。财政对农业的巨大投入，使得传统农业逐渐消失，现代农业迅速兴起。

完善相关法律保障。农业相关政策的立法可以更好地保证财政投入的效果。因此，日本将农业立法作为一个非常重要的措施。1950年以后，日本政府陆续颁布了有关资金投入、资金管理的法律。正是这些法律法规的规定和监督，保护了财政农业支出，加强了对农业发展的促进作用（赵海月，2017；孙飞翔，2017）。

（二）发展绿色生态农业

实施大规模区域合作战略，积极探索农业多功能化，发展乡村旅游、区域加工合作等产业集群，不断提升农产品附加值，推动一二三产业融合发展，大力发展"第六产业"。具体而言，主要从以下几个方面进行：推进农产品品牌化。日本利用先进的农业技术，政府在确保农产品安全的基础上，对产品质量和营销进行管理，同时协助区域农业品牌建设，有效提升市场竞争力。促进农、工、商协调发展。政府积极开展食品工业和农林研究，推广农业与产业合作典型案例，开展区域农业技术开发合作，促进产业融合。注重多类型、多形式的发展。从产品内容上看，主要包括农林水产、农副产品、自然资源等多个方面；在发展形式上，主要包括加工、直销、出口、合同交易、农场餐厅、网络营销和研究成果应用，并在此基础上形成多种组合发展的混合模式。"第六产业"的发展，大大提高了农业现代化水平，增加了农村经济的附加值，对促进农业可持续发展具有重要意义。

（三）多措并举调整农业产业结构

农协的积极引导和推动。日本农业协会成立于1947年，其成立的目的在于解决小农生产阻碍农业发展、工商资本难以融入农业的问题，进而推动农业产业化和农工融合发展。农业协会对日本农业的发展起到了积极的引导和促进作用，通过农业合作组织，进一步满足了农业生产、销售、金融、技术等方面的社会服务和发展需要，加快了本国农业的规模化、专业化、产业化进程，进而推动了农业产业结构的升级和调整。

加强农业社会服务。加强农业生产、经营和销售的社会服务，是进一步推动农业产业结构调整，促进农业效率提升和升级的成功之举。首先，日本农协利用其信用体系为农民的农业生产提供早期的金融支持和贷款服务，解决了农民难以获得贷款和农业发展资金短缺的问题。提供农业生产资料，大大方便了农民的农业生产活动。其次，通过个体指导、集中指导和参观学习等方式，加强对农民的培训，引导农民开展农业生产经营活动，不仅促进了农业生产技术和经验的推广，而且有效地促进了农业的高效发展，推动了农业产业结构的调整。最后，在农业产业的销售环节，农业合作组织承担了大部分农产品的生产、加工和销售等服务活动，促进了农业产业结构的调整。

大力推进农业和工业的综合发展，促进了农业产业结构的调整。20世纪70年代中期，为了适应社会经济发展的需要，满足市场对农产品多样的需求，日本在农业产业发展过程中以多样化、优质化、专业化为发展方向，积极调整农业产业结构。农业生产经营逐渐从单一的粮食生产向更加多元化的农产品加工制造转变，促进了工商资本对农业的投资，加快了工业技术与农业产业的融合发展。"生产+加工+销售"的融合发展，推动农业产业化，实现了农、林、牧、渔业综合发展。随着发展进程的加快，传统农业产业结构得到不断调整，农业发展的质量和效益得到进一步提高，这也是日本农业产业结构调整的经验。

第二节 国内经验

供给侧结构性改革是塑造农业未来的关键之举，要实现农业供给侧结构性改革就要不断提升农业发展的质量。随着农业供给侧结构性改革的不断深入，国内一些地区的农业发展也取得了显著成效，并且形成了独特的模式和成功经验。本书选取浙江省衢州市衢江区、四川省崇州市、福建省漳州市等国内农业发展典型地区的经验和思路，以期为江西农业供给侧结构性改革提供参考。

一、浙江省衢州市

衢州市衢江区作为浙江农业供给侧结构性改革的"样本"，是有名的国家现代农业示范区，有着"中国柑橘之乡"的美誉，同时也是全国商品粮生产基地和全国瘦肉型商品猪生产基地。衢江区始终十分重视农业的高质量发展，坚持一二三产业融合发展，推进现代农业发展和乡村振兴成效显著。主要举措包括大力打造绿色放心农产品；构建新型经营主体，提高农产品生产效率；优化农产品结构，补齐供给短板。

（一）大力打造绿色放心农产品

根据消费市场需求特点，打造主题生态放心农产品，做好农产品生产中的"加减法"工作。在调查中发现，衢江区市场上不缺农产品，缺的是绿色优质农产品。因此，在农业种植育种中，提倡减少农药和化肥的使用，改用有机肥和生物肥，促进农业废弃物的再利用，发展循环农业，坚持走绿色环保循环农业的发展道路。产品知名度和市场占有率不断攀升，取得了良好的经济效益（刘娟，2017）。

时刻关注市场，优化产品供应。低质量、低品牌、低效率是衢江区柑橘产业发展的瓶颈。通过培育和引进优质品种，加强技术研究和精细化管理，衢江实现柑橘产业发展从数量需求转向质量需求（徐维，2017）。

供应创新元素，打造品牌特色。衢江区领导充分认识到，推进农业供给侧结构性改革的关键是聚焦农产品质量和食品安全。为着力打造品牌，创新了财政激励、改换配套补充新品种、打造品牌等措施。并围绕自身特色，探索新的按揭贷款模式、政策性保险模式等政策，提高产品竞争力。与此同时，衢江区还通过产区环境生态监测、农资市场监管、农产品检验检测、农产品质量安全可追溯、经营者诚信、农业生产规范、技术服务称号、销售市场多元化等"八大体系"打造衢江区放心农产品品牌。

（二）构建新型经营主体，提高农产品生产效率

衢江区农民在生产过程中发现传统的家庭式经营存在分散、优质农产品产出率低、难以获得规模效益等问题，故转而发展家庭农场经营16.8万亩，占衢江区耕地总面积的64.6%。家庭农场的经营模式使农户成为独立的市场经济主体，更加重视农产品质量。与此同时，政府制定了从生产到加工销售、从农田到餐桌等一系列农产品质量安全保障体系和措施，如快速检验检测、产地溯源、标准化生产等，使产品检测通过率达到99.3%，让放心农产品成为衢江的金字招牌（刘娟，2017）。

（三）优化农产品结构，补齐供给短板

主要措施是通过"三变一拆"，将猪舍改造成蘑菇房、菜棚、羊棚、作坊、药棚、民宿等。为市场上紧缺的优质特色农产品创造了很大的发展空间，产业结构不断优化。衢江坚持将休闲、度假、旅游、观光等理念融入农业发展，推动农业转型升级，优化农业内部结构。大力发展乡村旅游，推出油菜花、杜鹃、苜蓿、向日葵等赏花游，吸引市民"下乡"，实现农业增效与农民增收的"双赢"效果。在一些家庭农场和农业基地，每亩平均收入甚至达到3万至5万元。"旅游＋农业"正在成为衢江一二三产业融合发展的现实体现。

在扩大农业功能，提高农业效益上下功夫。粪便污染、养殖承载能

力有限、土地吸收污染等问题是衢江区传统养猪业在转型过程中面临的突出问题。衢江推进畜牧业转型升级，围绕乡村旅游热点，发挥养殖优势。因地制宜种植油菜籽、杜鹃花、苜蓿花、向日葵等休闲农业相关植物，将传统农业升级为生态循环农业，有效探索农业绿色发展模式。

二、四川省崇州市

崇州市自古以来是四川地区的粮食生产主力区，有着"西蜀粮仓"的称号。由于地理位置的限制，该市土地分布为"四山一水五分田"的形式。但是随着劳动力的不断外流，农业一度面临严峻挑战。为了进一步振兴农业，推进农业现代化，政府实施了包括大力发展农业合作社、加大农业从业主体培训等措施；奋力打造"天府粮仓"国家现代农业园，持续擦亮崇州农业"金字招牌"，牢牢守住耕地保护红线、粮食安全底线，构建完善现代粮食产业体系等一系列有效举措。

（一）大力发展农业合作社

为了解决农业未来的发展问题，崇州市试图通过鼓励农地流转的方式实现农业的规模化经营，但由于家庭生产经营不足，竞争力不足，这一努力未能成功。随后，由于土地使用方面的问题，闲置企业租赁农地的做法并没有产生预期的效果，面对3000多公顷农田的问题，农民不同意归还租赁的土地，并要求当地政府承担责任，这导致了当时农业生产中缺乏大量有资格种植粮食的人。为了打破这种僵局，确保当地农业的稳定有序发展，崇州市从政府内部挑选了一名工作人员，尝试进行土地复垦实验，研究土地管理和开发利用的方法。选择政府人员的主要原因是其缺乏外部经验，对于一个试点项目，外部人员往往因为信息不一致而得到不满意的结果，进而影响试点改革者的积极性。因此，为减少试点项目失败率，选择了内部人员。目前，这个试点项目已在全市推广，成效显著。崇州的改革举措对我国土地产权改革、建立可持续的土地流转机制、发展农业规模生产和农业生产模式升级都有着深远的影响，其通过推行土地合作社的方式，成功解决了"办农"的燃眉之急（柴婷，2019）。

（二）加大农业从业主体培训

在农业发展道路上，崇州市成功地解决了人才问题。积极鼓励有意愿从事农业的大学毕业生、返乡农民工和农业技术人员申请培训成为农业管理者。参加培训的学生和农民在修满理论和实践学分后，取得农业经营者毕业证书，并可以在中等和高等教育中继续学习和深造。目前，政府正在积极建设农业职业培训平台，研究专业农民双重培养机制，希望培养一批"农业经营者和农民专业人才"支撑农业现代化。为确保农民积极参与农业发展，政府对农业经营者的生活保障高度关注，并为农民经营者参加城镇职工养老保险提供补贴。在当前的互联网技术趋势下，作为"互联网+趋势"的一部分，崇州的农业发展过程也在O2O模式下实施打造了"成都天府"品牌，并通过"互联网+"商业模式建立了"线上"快速物流链，极大地提高了效率。

三、福建省漳州市

近年来，漳州着力推进农业供给侧结构性改革，"加减法"并重。既调整结构，创造新供给，又降低成本，增强新动力，挖掘潜力，拓展新空间，有效推动特色优势产业发挥主导作用。产业竞争力强，漳州农产品及加工产品在福建省占有较大优势，成为国家级现代农业示范区，产业竞争力强。漳州的"加减法"中，值得借鉴的主要有创造新供给、积极转变农业发展观念、促进一二三产业融合等举措。

（一）创造新供给

深入探索地方优质品种。漳州出台的《关于加快推进现代农作物种业发展的实施意见》显示，一系列保护农业种植资源知识产权和文化遗产的政策，包括对农村创客乡土特色种源的保护，有效地支持了农业结构的调整。同时，借鉴国内外经验，完善现有优势产业品种，科学布局，及时总结推广成功经验，为新供给提供更多空间。

通过"四大平台"引领闽台农业示范建设，搭建第一个国家级海峡两岸农业经贸合作平台，创办全国第一批台湾农民创业园——漳浦台湾农民创业园，创建福建省第一批闽台农业融合发展产业园区，首创漳台农业融合发展示范基地。这四大平台的构建也为漳州创造新供给提供了更多可能性。

（二）积极转变农业发展观念

农业的数量增长已经不能满足当前推进农业供给侧结构性改革的要求，因此，漳州市更加注重农业质量的提升。从注重物质要素投入逐步向注重技术创新转变；从个体经营逐步向龙头企业带动的规模发展；从依靠政府技术指导转向支持农业社会服务组织提供专业化规模服务，有效降低农业成本。

漳台农业融合发展，进一步促进了漳州积极转变农业发展观念，进一步优化漳州全市区域特色农业产业布局，产业链配套日趋完善，产业集聚优势日益显现，有效促进了区域经济的发展（黄跃东等，2009）。

（三）促进一二三产业融合

注重创新对台农业招商引资机制。充分发挥海峡两岸农业合作实验区先行先试优势，拓展和完善招商引资机制。通过以台引台、以商引商、延伸产业链、区域特色招商及经贸合作等，实现了资金、品种、设备、技术、管理模式和市场等"一揽子"引进，起到了"引进一个农业项目，培育一个农业主导产业，带动一方农民致富"的示范带动作用。目前漳州市农业企业已建立在国内国际大市场上，国内生产企业和农业企业从农业工厂变成大型协会。因而，农民更加一体化，公司能更好地抵御市场风险。

以农产品为主要原料的漳州规模食品工业成为全市规模工业第一大产业的实践证明，发展农产品精深加工是推进一二三产业融合发展的重要路径。在全面建设现代化进程中，漳州充分发挥农产品精深加工优化一产、深化二产、强化三产的产业集成效应，创新驱动打造农产品精深加工全产业链，推动"一镇一业、一村一品"由"小特产"成长为"大产业"。不断提升规模化、集群化、品牌化、数字化水平，增加农业科技含量和农产品附加值（何福平，2021）。

拓宽多种业态融合，推动农产品加工、物流、农产品电子商务快速发展；依托生态优良、旅游资源丰富的优势，引导社会资本投向农村产业融合新业态；建立农户与龙头企业的关系。建立利益联动机制，实现消费者与生产者、生产者与加工者的联系，造福全社会（徐维，2017）。

第三节　国内外农业供给侧结构性改革经验启示

要实现农业供给侧结构性改革就要不断提升农业发展的质量，国内外在农业供给侧改革上有诸多经验值得借鉴。主要体现在：加强农业产业市场化建设、培育新型农业经营主体、完善农业科教体系和财政支农保障体系等方面。

一、农业产业市场化是推动农业经济发展的原动力

从农业市场化发展过程中可以看出，由于农业生产经营的开放化，农业市场的发展直接影响着产品价格，由此对农产品的供需产生直接影响。从农业经济发展中得知，农产品的市场化发展是必然。在具体的发展中，必须合理优化产品配置，通过利用现代化技术手段提升经营水平。在农产品生产方面，可以借鉴衢州市衢江区模式，运用政府的主要

做法和经验，以有保障的农产品推进农产品供给侧结构性改革，以消费需求为改革导向，增加有效供给，提高农产品的质量和效益。

（一）政府指导农业信用体系建设

农业的发展不同于第二、第三产业，其生产经营活动容易受到自然因素的影响，且随着大多数发达国家经济发展份额的分配，农业所占比重不断下滑，从而面临高风险、低回报的局面。社会资本不愿进入这一部门，仅依靠市场不足以为农业发展提供充分的资金。美国政府在市场失灵的情况下不断采取行动，为了弥补市场缺失问题，不断建立和完善农业信贷体系。美国信用体系建立的过程表明，要充分发挥主导作用，充分了解农民的实际需求。对此，江西也在不断学习、探索与实践。2018年8月，江西省农业厅专门印发《推进全省农业信用体系建设工作的意见》，截至2020年，全省农业信用体系基本建成，重点生产经营主体的信用信息基本实现全覆盖，守信激励和失信惩戒机制有力有效，信用体系在保障农业生产发展上发挥着重要的基础性作用。

（二）扩大农产品保险的有效性

从美国近几十年的农业法案和政策可以看出，通过加强农产品的风险规避，可以大大减少农民面临的市场价格波动的影响，保证农民生产结构的良好管理。政府应加大农业风险意识的宣传力度，通过相关政策和试点工作，促进各类农业风险的覆盖，包括对农民部分农业生产经营损失进行补贴，或通过政府专门部门对接农业保险公司应对不可抗力等。对于自然环境因素造成的重大损失，必须建立应急机制，保护农民的基本利益。

（三）完善农业金融体系是农业高质量发展的重要保障

从美国农业发展的经验中可以看出，美国政府在农业信贷方面发挥了主导作用，大大小小的商业银行都加入了农业金融的建设，使农业发展和使用技术机械有了充足的资金保证。同时，由于农业属于传统产业，初期投资回报低，不确定性高，美国农业保险的发展减少了农民经营农业时面临的不确定性。江西农业以小农经营为主，涉农金融服务发展相对缓慢，因此，可以借鉴美国农业金融服务的发展经验，以政府为主导，推出惠农金融政策，带动社会资本和银行资本进入农业；同时，鼓励金融机构创新农业金融服务，鼓励保险机构扩大保险覆盖面，为农业供给侧结构性改革提供充足的金融保障。

二、培育新型农业经营主体是确保农产品有效供给的客观要求

农业合作社是新型的农业经营主体。从国外经验分析中可以看出，农业合作社在美国和荷兰的农业发展中发挥着重要的作用。农业合作社种类多，分工明确，延伸了农业产业链，有效保障了农产品供应。与江西农业合作社规模薄弱、经营范围狭窄形成鲜明对比的是，美国 WCC 合作社的经营规模足以与江西农业龙头企业相媲美，他们的业务范围不仅是生产和销售，还包括技术研发，可以充分利用信息技术帮助农业发展。荷兰农业合作社不仅经营范围全面，而且跨越地域，与政府合作，共同建立高效、规范的市场秩序。江西农业供给侧结构性改革应鼓励和支持农业合作社、家庭农场等新型经营主体的发展，这既有利于实现农业规模化经营，又能更好地完善市场秩序（陈欢，2019）。

推动土地集约经营，发展土地专业合作社。面对耕地耕种困难，崇州通过"农业合作制"改革积极推进耕地利用，确保食品生产安全，探索出一条适合崇州发展的农业改革路径。特别是在土地使用权规划和扩大农业规模生产等方面，为江西农业供给侧结构性改革提供了重要参考。试点的"农业合作制"模式，充分利用股份制合作模式经营农业生产，实现了农产品的规模化生产。首先，其实行的农业共同所有制是以农民为中心、以三权分立为原则的农业共同所有制。农民结合承包经营

权，积极推动土地合作社的发展，这大大增加了农业活动的规模和范围，促进了农业机械化等技术密集型农业生产方式的使用，降低了土地耕作成本，提高了农业生产的效率。规模经营也促进了各种社会资本进入农业，以及农业生产、农产品流通加工和工业体系的形成。其次，通过创造性地引入"农业经营者"制度，鼓励培养一批新职业农民。通过举办农业职业培训课程，让参加课程的专业农民参加学位考试，提高农业生产过程中的科学专业水平。同时为农业生产经营者提供城市社会保障，确保他们能够全身心地投入到农业生产的发展中。该模式在尊重农业基本经营制度的基础上，正确认识和利用农村三类土地的属性，更加积极地挖掘农业生产潜力，探索农村土地所有权和农业生产现代化的道路。通过农业改革推动了农业专业化水平的提高，农产品的质量和效益也得到了很大的提高，发展了一批本土化的农产品品牌，从而增强了当地农业的实力（柴婷，2019）。

重视发展小规模兼职农民，构建社会化农业服务体系。2013年，中央一号文件首次提出了家庭农场的概念。家庭农场、农业专业合作社、农业企业统称为新型农业经营主体，这些生产者在财政、土地利用等方面享受一定的扶持政策。需要强调的是，虽然新型农业经营主体具有规模经营、采用先进技术、拥有资金等优势，但小规模兼职农户仍占农业从业人员的80%左右，在供给侧改革背景下，农业经营主体培育不能忽视这类群体的需求与发展。建立农业社会服务体系，有利于为包括小农在内的所有农业经营主体提供生产前、生产中、生产后服务，形成以保障农民利益为目标的网络体系。具体来说，就是加大农村基础设施建设，特别是中小水利工程、公路桥梁和网络信息平台建设；完善农业技术推广体系，避免"断线、网破、人散"的尴尬局面。针对不同的农业经营主体，有针对性地提供技术供给，积极倾听农民诉求，培养农民表达能力，形成自下而上的农业技术传播路径，努力实现农业技术供需高度一致；根据农业生产的不同环节，提供前期的种子、农药、化肥、地膜等生产要素供应，农田水利、农村给排水、土壤改良等技术支持，中期的病虫害防治、施肥和后期的农产品收割、深加工、运输、仓储等各项服务（赵玉姝，2017）。

三、完善的农业科教体系是现代农业的有力支撑

实施科教兴农战略，完善农业科教体系。以农业科技成果推广及加强农业教育为手段，以提高农业劳动者的科学文化素质、优化农业生产要素、不断形成新的农业综合生产能力为主要目的，促进农业的稳定和可持续发展是现代农业的有力支撑。

加强农业检测标准。完善的农业标准体系对一个国家和地区的农业发展至关重要，可以加快农产品质量的提升。过去，江西农业生产以增产为主，化学农药使用过多，影响了农产品质量和市场竞争力。与此同时，随着国内经济的快速发展，市场上越来越多的消费者更加关注食品的质量，对国内农产品缺乏信任，直接导致农民收入急剧下降。因此，政府应加快协调制定符合国家标准和国际要求，具有一致性、可量化，涵盖农业生产、储存、销售各个环节的标准体系。确定各环节标准体系的执行者，提升农业生产效率和质量，提升特色农产品竞争力。

加快科技与信息技术在农业生产中的应用。澳大利亚政府利用科学技术来提高商业信息的准确性，从而增加了对土地和农作物生产的控制。由于江西经济实力相对较弱，农村地区的宽带覆盖有待进一步提高，大部分农民无法使用计算机和信息技术进行农业生产。政府应加大对公共农业推广系统、民营农业组织、专业协会等手段的利用，并让大型电力公司和大型农业企业参与发展，逐步优化农业生产模式，提高农业生产效率（柴婷，2019）。

以保障农产品优质供给为最终目标。美国通过完善的有机农产品标

准体系，为消费者提供绿色、优质、健康、多元化的农产品。荷兰的农产品质量检验体系更为严格。例如，在花卉拍卖市场，每一株植物都需要进行植物检疫，如果注册不通过，将直接丢弃，并通知供应商，损失将由供应商承担。这也激励了花农在种植过程中悉心照料，尽最大努力确保交付拍卖市场的鲜花质量。同时，荷兰的温室农业也为农作物的生长提供了更好的条件，保证了农产品的质量。因此，通过高技术和严格的质检标准来保证农产品质量，为消费者提供有效的农产品供给，也是江西农业供给侧结构性改革的必要措施。

四、财政支农保障体系是实现供给侧改革的重要保证

自然再生产与经济再生产的互动性使得产业受自然环境和市场因素的双重约束，加之质量较弱和溢出效应，财政支农保障体系对农业的支持至关重要。对于农产品，特别是农业高新技术产品，具有竞争性、排他性、高成本等特点，需要政府提供资金支持。这种金融支持可以借鉴项目融资模式，在技术研发初期以股份的形式提供资金，鼓励民间投资者积极参与，在技术投入生产并产生收益后以较低价格出售股份，引导农业技术资本的流动。同时，提供低息贷款、信用担保和农业保险，最大限度地降低农业生产的外溢效应，降低生产成本。公益性生产要素由政府免费提供，包括土壤检测与施肥、农产品供求信息发布、水利设施等，为农业发展提供良好的外部环境和制度保障（赵玉姝，2017）。财政支农支出总量不足很大程度上限制了农业的快速发展；财政支农支出结构不合理制约了财政支农资金的使用效率。因此，借鉴国内外经验，通过加大支农资金总量投入和改善支出结构，进一步改革和完善财政支农政策。

（一）加大财政补贴力度

美国近年来依靠数亿美元的农业生产性投资总额才维持其国际上农

业最为发达国家的地位。江西是个农业大省，但还不是农业强省，加之农业天然具有的收益外部性和弱质性等特点，难以吸引资本要素投入，导致农业发展速度不及其他产业，农业技术性水平也较为低下。发达国家的先进农业发展经验十分值得我们反思并结合省情加以借鉴利用。

（二）优化支农结构

日本在价格补贴和税收优惠等方面采取强有力的措施，不断加强对农业的保护，使日本的农业成为基础扎实、保障充分、安全稳定的产业部门；欧盟通过支持农业生产、提高农业技术水平和完善配套基础设施建设三个方面建立起完善、科学而有效的支农政策，最大程度保护农民利益，实现了农业的可持续发展。尽管江西用于生产性支出的实际支出所占比重连年上升，但是用于农业科技投入、农业综合投入等的比重仍然很低，与发达国家和全国其他农业发达地区相比还是有所差距。由此看来，江西财政支农结构仍然有极大的调整完善空间，在财政支农结构中，与农民直接相关的补贴范围和投入力度应有所提升。

（三）加快农业相关法律的制定

美国以 1933 年为起点，从《农业调整法》的制定颁布出台，到接下来一连串的有关农业法案的颁布出台，如果没有相关法律的颁布去保证其中具体条例的实施，美国也就无法确保这些农业财政投入在相关农业领域中发挥真正的作用。作为世界第一农业大国，这一头衔的持续保证依赖于农业相关法律的约束。江西部分地方政府对于财政支农支出的发放与实际运用只是凭借以往的经验，并没有相应的法律对其进行保障。因此应以此作为经验教训，尽快出台约束财政支农资金使用的相关法规与统一的制度规范，使支农资金的支出有规可循，依法适用于农业各个领域（赵海月，2017）。

第四章
江西农业供给侧结构性改革的发展现状、评价及问题

从供给侧角度来说，经济社会发展主要包括环境资源制约、生产要素转变、产业组织方式与生产能力变化等方面。绿色农业作为质量兴农战略的具体实践，是集资源高效利用、生态系统稳定、产品质量安全、综合经济稳固为一体的现代农业；是实施供给侧结构性改革，实现农村经济可持续发展的重要举措。江西推进农业供给侧结构性改革，通过建设现代农业，发展绿色农业，从农业业态、农业主体和相关渠道等方面综合施策，解决农业产业"弱、小、散"等问题，在农业供给结构、经营结构、产品结构等方面取得了阶段性成果。

第一节　发展现状

近年来，江西深入贯彻落实党的十九大以来的历次会议精神，坚持用新发展理念，以绿色发展为导向，以结构调整为重点，以改革创新为动力，着力培养新动能，打造新业态，扶持新主体，拓宽新渠道，全力打造新时代乡村振兴样板之地。先后出台了《关于加快农业绿色发展推进国家生态文明试验区建设的实施意见》《关于创新体制机制推进农业

绿色发展的实施意见》等促进农业绿色发展的政策性文件。

一、农业产业结构不断优化

农业内部各产业结构不断调整完善，农业产业结构从单一向多元、从追求"量"向注重"质"转变。粮食主产区地位得到巩固，粮食产能基础不断夯实。落实"藏粮于地、藏粮于技"战略，推进良种良法配套，开展粮食绿色高质高效创建行动，农业结构调整区域主推优质稻品种覆盖率达到96%。逐步构建粮经饲协调发展的三元种植结构，种植业结构不断优化。饲料作物播种面积稳步提升，大力实施早稻扩种、晚稻增施穗粒肥和秋杂粮扩种等行动，建立农业产业技术坐标24个。养殖业发展质量得到提升，统筹考虑资源环境承载力，推动生猪、水禽等养殖业形成集约高效为主导的发展格局，大量猪肉外销省外。

二、现代农业产业体系逐步形成

加快构建产业鲜明、布局合理的现代农业产业体系。推进优势产业向优势区域集中，形成了"三区一片水稻生产基地"[①]"沿江环湖水禽生产基地"[②]"环鄱阳湖渔业生产基地""一环两带蔬菜生产基地"[③]"南橘北梨中柚果业生产基地""四大茶叶生产基地"[④]等产业特色鲜明的农业区域。实施"百县百园"工程，推行"四区四型"[⑤]"一片两线生猪生产

---

① 即鄱阳湖平原、赣抚平原、吉泰盆地粮食主产区和赣西粮食高产片。
② 即赣江沿线、环鄱阳湖区域。
③ 即环南昌、大广高速沿线带、济广高速沿线带。
④ 即赣东北、赣西北、赣中、赣南。
⑤ "四区"即农业种养区、农产品精深加工区、商贸物流区和综合服务区；"四型"即绿色生态农业、设施农业、智慧农业和休闲观光农业。

基地"①模式,梯度推进现代农业示范园区建设(张志芳,2018)。截至 2021 年底,全省已创建国家级农业产业强镇 39 个、国家现代农业产业园 8 个、省级现代农业产业园 37 个,省级以上农业产业化龙头企业 963 家。

坚持延伸产业链,提升价值链,推动农牧渔结合、种养加一体、一二三产融合发展。大力推动农业由单一功能向多功能拓展,加快发展休闲农业、农村电商等新业态。如表 4-1 所示,江西拥有全国乡村旅游重点村 44 家,全国乡村旅游重点乡(镇)3 家,省级乡村旅游重点村 64 个,省级乡村旅游重点镇 9 个,省 5A 级乡村旅游点 32 家,省 4A 级乡村旅游点 203 家。创建了 75 个省级田园综合体和 20 个精品园区(农庄),2021 年全省休闲农业营业收入达到 338 亿元。先后培育国家电商示范基地 4 个,电商进农村综合示范县 52 个,还培育出 10 个省级电商进农村示范县,2022 年上半年,全省农村网络零售额 312.2 亿元,同比增长 36.5%。

表 4-1　江西省国家级乡村旅游点数量

年度	2019 年	2020 年	2021 年	2022 年
乡村旅游点数量(个)	12	37	44	51

数据来源:首批全国乡村旅游重点村名单于 2019 年公布。

大力发展智慧农业。江西紧抓"互联网+"时代机遇,规划智慧农业"123+N"发展路径,其主要内容包括一个省、市、县三级共享的大数据云终端,两个农业调度服务中心,三个农产品电商、质量监管和物流平台,以及涉及农业生产、项目管理、市场信息、政府办公等方面的近 50 个系统,大数据和互联网技术的结合有效提升了江西农业的生产效率。作为全国首批信息进村入户整省推进示范省之一,江西已建成近

---

① 即赣中优势片和浙赣、京九沿线。

万家益农信息社，带动交易额 2.5 亿元，累计为 280 万人次提供公益便民服务，益农信息服务覆盖全省 80% 以上行政村，取得了良好的社会、经济效益。

三、新型农业经营体系持续完善

坚持用改革的方法破解农业发展难题，向改革要活力、要动力。深化农业农村改革。深入推进农村集体产权制度改革，发展壮大农村集体经济。稳步推进农村承包地"三权分置"改革，努力放活农村土地经营权，全省农村土地流转面积 1979 万亩，流转率达 53.9%。建立健全省、市、县、乡、村五级林权流转管理服务体系，搭建全省林权流转服务平台。持续深化农村宅基地制度改革，颁发房地一体不动产权证书 28.1 万本，颁证率 96%。大力发展适度规模经营。推广经营权流转、股份合作等多种方式，发展土地流转型、服务带动型等规模经营。加快培育新型经营主体。江西省委、省政府出台《关于加快构建政策体系积极培育新型农业经营主体的实施意见》，推动建立以农户家庭经营为基础、以合作与联合为纽带、以社会化服务为支撑的新型农业经营体系。截至目前，江西累计培育农民合作社 7.58 万家、家庭农场 9.89 万个，新型农业经营主体不断发展壮大。

四、农业科技支撑不断强化

江西坚持用科学技术改造农业，农业科技创新能力进一步提升，农业科技成果转化率稳步提升。大力推进农业创新驱动"三十双百"工程，开展关键技术联合攻关，加强技术集成示范推广，提高农业科技成果转化率。农业科技进步贡献率从 2016 年的 57%，提高到 2021 年的 61.5%。农业机械化水平逐步提高。落实农机购置补贴资金，以种植机械化为突破口，以农机专业服务合作社为载体，推进农业全程全面机械化，主要农作物综合机械化水平达 77%。农业信息化水平得到提升。大力实施"互联网 + 现代农业"行动，大力实施整省推进信息进村入户工程①，完善农业数据云平台建设，为农业信息化发展提供云端支持。

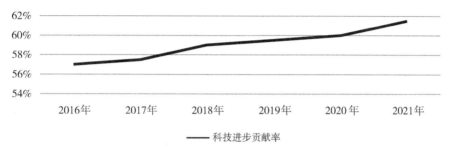

图 4-1　江西省农业科技进步贡献率

五、农业绿色发展取得成效

建设绿色基地。建成覆盖省、市、县三级的农产品安全追溯平台，创建国家农产品质量安全市、县 15 个，省级绿色有机示范县 46 个，建有全国绿色食品原料标准化生产基地 49 个、面积 866.3 万亩。发展绿色产品。大力开展质量兴农行动，全省农产品质量安检合格率连续 8 年稳定在 98% 以上。2021 年新增农业地方标准 30 项以上，创建 5 个国家级标准化示范基地，打造 56 个省级现代农业全产业链标准化试点，统筹全省 63 家绿色有机地理标志农产品生产基地实施农业生产产前、产中、产后全过程农业技术和管理标准，打造了一批绿色有机地理标志农产品标准化生产基地示范样板。截至 2022 年 6 月底，全省绿色有机地理标志农产品达到 4732 个。唱响绿色品牌。深入实施"生态鄱阳湖·绿色农产品"品牌战略，按照"各经营主体自愿申报、优中选优"的原则，通过目录化管理的方式，实行日常和年度考核，完善"赣鄱正

① 数据来源：江西省人民政府关于我省农业供给侧结构性改革情况的报告，2019 年。

品"品牌建设体系；加大优质绿色农产品市场推介力度，不断扩大江西优质农产品市场占有率和影响力，赣南脐橙、庐山云雾茶、崇仁麻鸡等12个地理标志产品荣登2020中国品牌价值百强榜；利用主流视听媒体开展品牌营销活动，统筹整合2.4亿元资金在央视等大型媒体宣传江西绿色农产品品牌，并创设省级"公共·农业"电视频道，绿色农产品品牌影响力不断扩大，初步形成了集老字号品牌、优势产业品牌、自主品牌、区域公用品牌于一体的品牌格局。

表4-2　江西省绿色有机农产品数量

年度	2016年	2017年	2018年	2019年	2020年	2021年
绿色有机农产品数量（个）	1614	2290	2472	2888	3381	4312

数据来源：根据政府官方网站公布数据整理。

第二节　效率效益评价

尽管江西农业供给侧结构性改革取得了显著成效，但农业发展的环境资源约束与供需端结构性失衡问题仍未完全解决。客观评价其发展的效率与效益，有助于进一步深化农业供给侧结构性改革，同时还能有效促进绿色农业的良好发展，实现经济、生态、社会三大效益共赢。效率表示经济资源或者劳动价值的实现度，也就是投入和产出要素两者间的比值关系。农业效率体现为农业资源的高效利用，即资源的有效配置与资源环境的协调发展。对农业生产效率的评价涉及农业的总体投入、农业生产和环境影响等方面，因此从投入产出效率、生态效率和社会效益三方面对江西省供给侧结构性改革与农业发展效果进行评价。

一、投入产出效率评价

农业生产涉及多种资源要素及要素组合的投入，农业的投入产出能力是农业生产发展的关键性动力。农业投入产出效率主要是指农业生产要素投入与获得产出之间的比率，是投入实际农业生产的要素与实际产出的匹配程度。由此，农业投入产出效率高低说明了一个问题，就是在目前的农业生产条件下，农业生产要素是不是可以以最少的投入来达到农业产出目标。农业投入产出效率越高，说明农业生产过程中各种投入要素之间越能够实现资源的合理配置。农业的投入产出效率主要包括技术效率、纯技术效率和配置效率，通常认为综合技术效率为纯技术效率与规模效率的乘积。

农业技术效率表示农民将各类人力、财力、物力等使用到农业发展中，在当前的技术水平上，农业投入的使用效率。农业技术效率越高，农业投入产出效率越高。农业的纯技术效率反映的是最优投入时的生产效率。农民在把各类人力、财力、物力等使用到现实农业生产中时，也许会出现浪费问题，浪费的资源无法发挥效果，有效的农业资源配置是农民运用现代农业技术后取得的效果（杨惠姗，2019）。从江西整体的农业生产综合技术效率水平来看，农业生产技术效率不是很低，但平均值小于1，资源配置处于非最佳状态，需在农业生产过程中合理配置农业生产资源、分配农业从业人员，尽可能做到农业资源的高效利用（缪建群等，2022）。

从全省农业发展情况来看，依然存在资本要素和劳动力要素错配的情况。各地市的要素错配存在较大差异，人均耕地越丰裕的地区，农业生产要素错配越严重；同时，相较于劳动力错配，资本要素错配程度更高。这表明，江西农业高质量发展对资金投入的依赖程度较高，耕地规模也还未完全发挥提升农业生产要素配置效率的作用，且市场在资源配置中的基础性作用还未得到完全发挥，需要继续推动劳动力、资本等要素的自由流动。也有学者指出，农民纯收入和农村人口比例对全省农业生产效率的影响最大（吴伟伟等 2020）。农民纯收入对生产效率具有显著的正向影响，农民纯收入上升 10 个百分点，农业生产效率将提升 7.7 个百分点。据此看来，提高农民纯收入水平，有助于提高当地的农业生产效率。从各地区的实际情况上看，农业生产效率的提高亦会反过来作用于当地农村经济的发展，进而提高农民收入水平，其中农民纯收入对全省农业生产效率具有明显的正向影响。此外，对于江西整体而言，纯技术效率对农业发展效率的影响不显著，由此看来，技术创新能带来的提高农业生产效率的优势从全省整体上看并没有体现出来，一方面在于新的农业生产技术在江西并没有得到很好的推广与应用；另一方面在于新的农业生产技术并不适用于江西的具体情况（王华瑞，2017）。

二、生态效率评价

农业生态效率是衡量一个地区农业生产力的重要指标，主要从农业投入产出效率与环境效益相统一的角度出发，分析农业生态系统与农业经济增长、环境污染、资源投入等之间的长期关系。农业生态效率评价主要基于盈利能力、投资水平、产出能力以及生态效益等方面对农业发展的生态效率进行评价。通过对江西农业绿色发展水平进行测度，可以发现各市的农业绿色发展水平都在逐年稳步上升，表明原来高耗能、高污染、高排放的粗放型农业发展模式正在逐渐改善，但农业绿色发展效率整体水平仍不高，且不同地区存在较大差异，因此整体上仍存在提升空间（丁宝根，彭永樟，2019）。

作为发展生态农业相对较早的省份，江西在生态农业的发展过程中发挥了积极的作用。随着农业生产方式变革，农林牧渔产业结构不断调整优化，新产业新业态蓬勃发展，以农产品加工业为代表的一二产业融合速度加快,以农家乐、田园综合体、乡村休闲旅游等为代表的一三产业融合程度加深,逐步建立起资源、环境、效率、效益兼顾的综合性农业生产体系。但是,从农业发展的角度分析,江西生态农业仍然存在着诸多导致效益低下的问题。一方面,尽管省内各乡镇都在积极推进绿色生态农业基地建设,农业生产基地总数呈现逐年增加的态势,但增速逐渐放缓,且由于分布相对分散、示范带动效应弱,并未产生显著规模效应,不利于农业集约化规模经营,导致农产品成本相对较高;另一方面,江西绿色生态农业的效益与发达国家相比仍然存在较大差距,农业龙头企业与农户之间未建立起利益共享、风险共担的联结机制,利益纽带相对松散,使得农户生产的部分初级农产品仍易面临后期加工难、滞销等情况。在农产品生产、加工到销售的链条整合上遇到的各种阻碍都会导致绿色农产品无法实现真正完善的市场经营,影响绿色农业生态效益的提升。

三、社会效益评价

农业社会效益是指农业发展对于生活方式、产业进步、城乡发展与社会稳定等方面带来的影响。江西农业供给侧结构性改革在改善农村生产环境、提高农民生活质量、发展农业经济等方面产生了巨大的社会影响。

推广规模经营带来社会效益。规模经营主体的社会效益主要体现在直接和间接两方面,直接效益体现在农产品的安全有效供给和提升农业生产竞争力两方面,可以降低农业生产成本,提高小农户生产农产品产量与质量;间接效益体现为通过产业融合创造更多的就业岗位,带领农户增收。

发展生态农业带来社会效益。通过探索创新生态种养结合模式,提升农产品的质量,既可以满足消费者的需求,也可以为农户提供清洁的生产资料,在农业生产过程中达到降低生产成本和保护生态环境的双重目的（胡宜挺等，2018）。如萍乡市湘东区的沼气工程建设，在推广新型种养结合模式的同时，也实现了能源供应的良性循环和永续利用（李璟镒，2021）。

培育新型职业农民带来社会效益。随着农业供给侧结构性改革的深入与绿色农业的发展，现阶段农业生产发展所需要的是懂市场、懂经营、会管理的全方位的高素质农民。截至2021年年底，江西省累计培养高素质农民21.7万人，南昌、赣州等市不断探索完善职业农民职称评审制度，已有1875名职业农民取得职称，江西农村实用人才数量突破67万人。培育新型职业农民有助于将农村巨大的人口压力转化为人力资源优势，加速将农业科技成果转化为现实生产力，他们对现代农业科技和先进耕作技术的掌握也有助于提升农产品的质量，促进绿色农业发展。

第三节　主要问题

提升农业发展质量是农业供给侧结构性改革的重要抓手。近年来，江西在转变农业发展方式、优化农业供给方面取得了显著成效，但是在农业产业结构适应性调整、组织结构战略性调整和农业基础设施建设上依然存在短板。

一、农业产业结构失衡

江西积极响应国家政策号召，推进农业产业结构调整，强化供给结构对需求变化的适应能力，但依然面临内部产业结构不够合理、种植与饲养品种结构性失衡以及农产品结构不佳等问题。

产业结构失衡。江西长期将粮食作物种植放在主要地位，种植业与畜牧业的发展不相适应，尚未发挥出循环促进作用，种养结合、草畜配套的牛羊规模养殖企业和合作社较少，粮经饲协调发展的三元种植结构仍未形成；畜牧业内部结构同样欠合理，生猪和家禽的规模化养殖发展迅速，而在牛、羊养殖上发展较为缓慢，其中奶牛养殖的发展空间仍然较大；林果业方面存在产业化水平低、绝对产量严重不足、产品品质参差不齐的问题，同时还面临着繁重的生态保护任务，产业结构仍有待优化（余艳锋等，2015）。

农产品结构失衡。近年来，人们的消费已不再仅限于满足最基本的生活需要，而是逐渐向注重高质量消费转变，对品质生活的追求使得消费者会更加偏好生态、健康、高品质的农产品。在消费升级的大背景下，江西中高端农产品相对缺乏的结构性矛盾日益凸显。品种不优，绿色有机和富硒优势不够凸显，在发展农业产业化经营、扶植合作社、培育龙头企业等方面不断有财政资金投入，但缺口仍然较大，造成农业生产技术相对落后，新型经营主体与龙头企业的发展缓慢，辐射带动力不够强；农民专业合作社虽然数量众多，但由于缺乏经营管理人才和相应的配套措施，大多都是流于形式，没有真正起到组织农民生产、服务农业发展的作用；市场建设不足导致市场竞争力较弱，无法形成具有全国影响力的品牌，阻碍了农产品附加值的提升。

二、农业基础设施落后

多年来，江西持续加强农村基础设施建设，农业生产条件得到初步改善。但从总体来看存在区域差异，部分地区的农业基础设施仍然比较薄弱，农业抗风险能力低下，农业生产不确定性仍然较大。

高标准农田建设增速逐渐放缓。不同地区耕地自身条件禀赋各有不同，农田建设存在诸多历史遗留问题，大部分耕地的防灾抗灾能力依然较弱。经过近几年的建设，资源条件较好、相对集中连片的区域，多数已实施高标准农田建设项目，但剩余的区域改造要求高、建设难度大，高标准农田建设推进缓慢，存在区域性差异。尽管农田建设对于农业发展而言十分重要，但对于地方经济发展而言效益并不显著，因此也存在部分区域在改善耕地质量问题上投入不足、标准不统一、重建轻管，企业在产业结构调整中毁损耕地的行为时有发生，少数企业甚至会进行挂靠、转包和违法分包活动，导致高标准农田建设项目标准低、成效差，无法长久发挥效益。

农田水利设施老化失修严重。农田水利设施缺乏稳定的投入，部分农田水利工程陈旧老化，缺乏日常保养与维护，灌溉水源到田间的渠道不通畅问题依然较为突出，由于缺乏一体化的灌溉渠道，原有的灌溉渠系淤塞、老化损毁严重，整个水利工程的蓄水能力下降，灌溉水利用率普遍较低。部分地区由于不够重视，在灌溉设施配置、灌溉方式选择与灌溉技术推广应用上仍存在短板，灌区配套项目尚不健全，现代化灌区、生态型灌区建设仍处于探索阶段。

农业设施化与机械化水平较低。江西设施农业多为以家庭单元为主的小农户经营，机械化水平很低，智慧化生产尚在起步阶段。同时设施农业配套不足，投入较低，日光温室多与土墙结合，对劳动力资源的消耗大，不利于机械化作业。此外，在不同的农业生产环节中，机械化程度也存在较大差别。耕地环节的机械化水平较高，但种植和采运环节的机械化水平非常低，严重依赖人力手工作业。

三、新型农业经营主体成长缓慢

随着农业供给侧结构性改革的推进，新型农业生产经营主体大量涌现。区别于从事家庭经营的小农户，新型农业主体在资金投入、抗风险能力和经营能力方面具有更大的优势，具有较好的农业技术和应用能力、信息获取与处理能力，能够利用现代农业设施和先进管理方法为绿色农产品创造更好的生产条件。经过多年培育发展，江西新型农业经营主体总量已经不少，但结构性矛盾仍然突出。

新型农业经营主体规模不大，经营面积小，阻碍了部分农业生产技术的应用，难以通过规模效应来降低生产成本。组织化程度不高，绿色优质农产品生产体系标准的推广成本和惠农政策的执行成本较高，使得利润空间被压缩。各类型主体间的沟通和联络较少，合作层次较低，导致农业生产仍受制于结构调整难、信息整合难等问题，区域性农产品品牌发展缓慢，市场竞争力较弱，无法适应瞬息万变的市场环境。龙头不强问题突出，在农民日报社评选的"2019农民合作社500强"名单中，江西入围的合作社仅11家，占比为2.2%，并且此类企业多是经营初级农产品和农产品的初加工，较少涉及高附加值和外溢性强的深加工和生产性服务，在制约自身的盈利能力的同时也难以发挥对周边农户的辐射带动效应。

经营规模较小也导致相关主体的经营团队无法明确职责以形成合理的分工。由于思想观念和受教育程度等各方面的原因，该类组织的日常生产经营活动主要是依赖家族成员、亲朋好友或采取就近原则，吸引本地农民群体作为组织的主要成员共同参与，而目前新型现代农民群体并未完全建立起来，如果利用社会招聘渠道会使得这些经营主体面临用人难、人才培养成本高等问题。组织的文化、年龄和知识结构欠佳，导致难以吸收先进生产技术与现代管理经验，较难发展成为能够灵活应对市场需求变化的现代企业。缺乏优秀的技术人才和管理人才，长期来看将会成为农业供给侧结构性改革的阻碍（赵杨等，2021）。

四、一二三产业融合度不高

近年来，三产融合发展是江西农业发展的一大特色。各地主要通过发展精品农业、智慧农业、乡村旅游来延长农业产业链，提升农产品的附加价值，但是也存在三产发展不协调、融合程度不高的问题。

农产品精深加工不足。农副产品的加工技术和管理水平仍不高，在科学技术研发、加工链条拓展和产品类型开发等方面依然存在不足。品牌建设和市场开拓能力不足。江西农产品品牌和农业企业数量众多，但"弱、小、散"的现象突出，市场份额占比小，市场竞争力较弱，区域品牌建设滞后，企业之间存在盲目竞争状况，未能形成"一县多业、一业多产、一产多品"的产业链，制约着农业供给效益的提升。休闲农业和乡村旅游的发展水平不高。旅游产品和服务的同质化现象较普遍，乡村旅游项目产品多为观光、研学、采摘和垂钓体验等，未能科学有效地开发出具有自身地域特色的文化旅游产品，农业多功能性开发不足。同时，农村的基础设施和物流、仓储等信息资源覆盖率较低，对乡村旅游产品无法做到科学高效地开发利用，在开拓市场业务方面缺乏专业胜任能力，无法形成有足够影响力的市场口碑，导致旅游产品的市场竞争力较弱。

五、农业数字化程度低

农业数字化是推进农业农村信息化进程的关键，也是实现农业农村现代化和实施乡村振兴战略的关键举措。得益于江西近年来双"一号工程"的扎实推进，农村基础信息化发展迅速，县域数字农业农村发展水平位居全国前列。但是农业大数据发展的基础依然薄弱，应用上仍存在短板，农业技术应用意愿有待提升。

数字农业技术发展整体仍较落后。江西农业大数据建设基础薄弱，存在数据收集不及时、管理落后、有效应用不足等问题，现阶段农业大数据质量较差，整体利用率较低。为推进智慧农业建设搭建了"农业数据云"平台，但从实际使用情况来看，其所收集的农业数据较为滞后，对农业生产的指导性仍不够强。同时，由于各县市数字化配套设施基础不同，平台的应用多集中于九江市、赣州市、宜春市等地区，建设与布局仍不平衡，后期信息化服务难以同时跟进，"农业数据云"平台在农村地区实现全覆盖仍面临不小的阻碍（江西省农业农村厅，2021）。

数字农业技术应用意愿较低。江西农业仍以小农家庭经营为主，小规模农业生产与新型农业技术推广、机械化农业生产、数字化农业发展之间的矛盾必然存在。受制于农村劳动力结构，现阶段参与农业生产的中老年人居多，农业生产群体中的高素质人才较少，难以学习、接纳和应用农业数字化所需技术及设备，数字农业技术无法得到应用推广。同时，对于个体农户而言，数字农业的使用成本过高，农业数字化运行相关的技术、设备投入成本以及后续维护运营成本往往较高，生产规模过小的农户普遍难以承担数字农业使用成本。除了农户个人发展数字农业的意愿不足以外，新型农业经营主体在数字农业技术应用方面的积极性也不高。产业生产周期长与投资回收期长的特点使得农业风险复杂多样，相较于其他产业而言综合效益偏低，多数龙头企业、农业专业合作社等新型农业经营主体对于投资数字农业技术热情不高，也普遍不愿意承担相关农业技术应用所带来的农业生产无序性和农业生产收入不确定性的风险，数字农业的发展与普及仍面临诸多困难（吴新标，张欢，2021）。

第四节　问题成因

江西农业供给侧结构性改革效率的提升主要受到农业生产要素及其组合的制约。主要作物的土地成本和人工成本等传统生产要素成本所占比重高，机械成本上升但机械化效率较低，导致成本叠加推升；同时由于组织成长缓慢、技术获利机会不足，农业要素组合升级缓慢，致使农业供给侧结构性变革难以突破要素制约。

一、经营分散，耕地流转难度大

耕地分散，无法充分发挥规模效应。江西人口众多，人均耕地面积仅为 1.045 亩左右，低于全国人均耕地水平，土地的承包使用权多分散在农村各个家庭中，导致耕地呈现碎片化特点；又由于地形复杂，除几大平原外，耕地多分布于山地丘陵，缺乏农业生产机械设备使用的条件。小农经营的状况未得到改变，进一步限制了大规模机械化耕作，导致新型农业生产技术无法得到推广，土地难以集中连片作业，无法形成规模经济效应。

耕地流转价格偏高。现行的乡村土地流转制度难以降低土地的流转成本和使用成本，同一区域内的土地会因规模不等、流转方式不同等因素在流转价格上呈现出显著的差异，造成土地流转价格居高不下、土地粗放利用及撂荒面积持续攀升并存的现象。尽管从短期来看，土地流转价格上升有利于农民增收，但是不考虑回报也愿意支付较高土地租金的涉农企业，普遍在土地的开发与利用上动机不纯，反而有可能阻碍农业的发展进程。部分企业主要依靠政府财政补贴或是利用收益更丰厚的项目资金，采用不充分考虑投入产出的非市场化运行模式，往往导致农业项目成功率极低，无法偿还土地租金和农民劳务费的现象时有发生，项目失败后的连锁反应依然会导致农民群体遭受损失。龙头企业、新型经营主体与普通农户之间的合作方式又较为简单，此类土地流转通常不涉及权益交易，普通农户只能通过流转获得微薄的土地租金，而不能分享到规模经营所带来的利润，利益联结纽带松散，容易挫伤农民的耕作积极性，使他们对土地流转缺乏热情甚至产生抵触情绪。

二、农村劳动力外流现象严重

农村面临着劳动力大量转移的问题，劳动力的短缺改变了农村的就业结构，不利于实现农村可持续发展。江西每年有近 50 万农村人口流出，文化程度较高的人才倾向于外出务工，而这部分流出人口以青壮年为主，导致农村现有劳动力多为老人和妇女，他们所具备的信息获取能力和田间管理能力较弱，使得农业生产质量有所下降，部分地方甚至出现土地撂荒的情况，加剧了农业生产的边缘化。同时，随着农村人口的大量转移，留在农村的劳动力大多是年龄偏大或者文化程度较低的人群，综合素质相对较低，难以接受新事物，缺乏高素质人才将技术引入农业生产，人员技能欠缺很难充分发挥农业机械作用，不利于农业整体技术水平的提升（钟舒华，2021）。

除了面临劳动力外流的问题，农村也难以吸引人才流入。农业分布区域主要位于远离城市中心的农村，交通不便利，教育与医疗资源稀缺，基础设施和生活条件较差。而且农业生产条件艰苦，工作强度大，行业利润较低，农业经营主体在生产前期基于成本压力也难以支付较高的薪酬待遇，导致农业相较于其他行业的竞争力较弱，无法吸引人才就业，各地农业生产普遍存在用人难、留人难的问题。加之新型农民培育仍然存在一系列问题，管理人才、经营人才和技术人才的缺乏直接制约着农业供给侧结构性改革的发展。

三、财政政策支持力度不足

江西存在财政支农支出总量不足、结构不合理、效益不够显著的问题。由于缺乏统一的财政支农资金管理制度，各基层政府通常只能使用行政手段安排财政支农支出，使得政府财政支农支出具有较强的主观随意性，资金投入往往滞后于农业生产，造成投入与产出不协调的局面。同时由于地方政府存在重分配轻管理的现象，在中央政策出台后地方政策未能及时跟进，缺乏与地区实际相符的配套措施使得中央的财政支农政策在乡镇村级的可操作性大大降低，财政补贴难以及时到位、资金使用不规范的问题时有发生，政策落实总是滞后于当前的农业发展速度。

财政资金的不合理配置导致资金过于分散，从而增加了行政管理成本，而在财政专项支农资金的使用和分配上又缺乏合理的成本核算机制与高效的绩效评价体系，导致了严重的资源浪费，大大降低了财政支农支出的利用率。

目前的税收政策在支持农业科技创新、农业产业结构调整和新型农业合作组织的发展上力度仍有不足。首先，国家现行的流转税中对于农业科技创新的支持政策较少，在所得税上对于农业科技研发过程的支持和对科技创新投资的引导与支持不足，同时也缺乏专门针对个人从事农业科研的税收优惠政策，不利于农业科技的创新推广；其次，针对农业产业化的企业所得税税收优惠形式过于单一，主要以直接优惠为主，缺乏如加速折旧、纳税扣除等间接的税收优惠形式，未能充分发挥对涉农企业投资的引导作用，不利于农业企业的扩大再生产，同时未能及时出台针对有机富硒农产品、农产品精深加工与冷链物流项目、三产融合发展模式等新产品、新业态、新模式的税收优惠政策，不利于农业产业结构调整；最后，现行税法中对农民合作社类型未进行明确的定义与划分，在税收制度设计上也无法将农民专业合作社的性质纳入特殊考虑，导致目前的新型农业合作组织处于既缺少专项优惠，又未能享受普通税收优惠的尴尬地位，不利于新型农业合作组织的发展（马莹，2021）。

四、农业融资难，金融产品普及度低

由于农业产业本身风险较高但效率偏低的特性，无法吸引足够的社会资本流入，只能依靠间接融资，而商业银行等金融机构流向农业领域的贷款依然呈现出结构失衡、总量不足的问题，农业融资依然面临困境。

农业经营主体融资担保能力不足。目前农村信贷抵押担保与农村信用体系建设相对滞后，农业经营主体普遍面临贷款难、抵押物不足、保险运用不广泛的问题，龙头企业、合作社、家庭农场和专业大户缺乏金融机构认可的一般抵押物，这些经营主体的土地属于流转耕地，没有产权，在此基础上建设的沟、渠、路、大棚都无法满足金融机构对抵押物的要求，不能用于融资抵押贷款，加上贷前审查严格、申请手续繁复、隐性交易费用高等问题，导致农业主体获取贷款的门槛较高，特别是大额贷款和中长期贷款的问题较为突出。

涉农金融风险显著。由于农村金融发展较为滞后、以农商行为代表的中小银行实力不足，目前涉农信贷资金仍然存在供求结构性矛盾，也不足以满足农业发展需要，导致资金链条存在风险。而农业社会化服务滞后导致部分农业经营主体对新型金融产品的了解过于片面，缺乏对资金借贷、农业保险和相关市场信息与政策信息的认知，在经济动荡和自然灾害发生时难以抵御风险，导致农业生产成本高。

五、农业科技创新能力不足

江西农业科技创新能力整体稳步发展，但是依旧存在农业科技创新投入不足、农业科技创新综合水平较低、农业科技管理机制与农业产业需求不相适应等问题，农业科技创新能力仍处于较低水平。

农业科研投资强度低。科研经费在农业领域的投入存在总体投入不足、基础研究经费严重短缺的现象，尤其是在资源保护创新等战略性问题的研究上缺乏长期、稳定的支持。全省521家加工型农业产业化省级以上龙头企业，科技研发投入仅有33亿元左右，科技研发投入占企业年销售收入比重超过1%的企业仅有221家。

项目研究期限普遍较短。国家、省级科研项目的研究周期通常为3至5年，与农业科研周期长、风险高的特点不相适应，导致在实际工作中存在许多因超过项目支持期限而不得不放弃的科研成果。

农业科技创新目标与成果转化结合不紧密。现行的农业科研体制仍然存在涉农企业科技研发经费与研发人员投入强度不足、科研单位经费管理模式僵硬的问题，涉农企业难以长期保持较高水平的研究能力，而科研单位又往往缺少解决产业需求的动力，导致农业科技创新与产业发展需求的整体协同度偏低，产学研合作的综合水平难以提升，全省农业科技创新成果的转化率平均在 20% 左右，低于全国的 40%。

农业科技示范园带动能力不强。江西多数地区在技术和产业方面没有明显的比较优势，科技起点较低，辐射面窄、带动力弱，新技术及新成果的推广应用渠道不够畅通，导致农业生产方式依然较为传统，带来较低的经济效益与环境效益，对高质量农业发展形成制约（刘晓青，2017）。

第五章
新供给战略下江西农民种植意愿的影响因素

从新供给经济学角度看如今的经济发展，放缓的主要原因是供应不足，而不是需求降低。农业供给问题，通过市场信号才能如实反映出来，通过在市场中参与竞争才能有效化解。市场需求变化除了受到价格、收入、利率等因素的作用，还受到供给的影响。江西农业存在着供给过剩的现象，但是这并不是没有需求或需求不足引起的，而是由于需求发生了变化，老的供给不能适应新的需求。即老供给过剩，而新供给不足，使经济增长缺乏动力。随着居民平均收入的提高，仅满足人们对农产品数量需求的市场越来越小，份额逐渐偏向农产品质量和安全的市场，这一现象也是致使农产品供给逐渐从"以各要素综合配置的农业供给侧结构性改革"转到"以人才和技术要素为核心的新供给战略上"的主要原因。

第一节　新供给战略的内涵

农业中的新供给战略是由"新""供给"和"战略"三个词组成的，重点是"新"字，其表示创新和革新，主要解决"生产效率低和效果差"的问题;"供给"指为市场提供供给的一方,解决"谁生产"的问题;"战略"从明茨伯格 5P 模型视角分析指的是历程模式、发展计划、竞争计谋、产业定位和企业观念,解决"生产什么"和"怎么生产"的问题。

纵观世界各国的农业发展历程,多与农业新供给战略相关,如通过完善农业政策制度来维护市场的秩序;健全农业基础设施体系来应对气候的变化;促进农业专业化分工来加快农业相关技术研发的推广;建立农业风险防范机制来降低农民的投资风险;制定化肥农药施用标准来维护耕地质量,通过上述等方式拟解决各地区新供给不足的问题。江西作为粮食主产区之一,在借鉴经验的同时,还需要结合省内实际情况,来把握新背景下农业阶段性发展的新特征,为农业绿色发展实现弯道超车不断探索新路径。为解决江西绿色农业新供给不足的问题,制定江西绿色农业新供给战略,加快江西农业现代化发展进程,保障国家粮食安全和重要农产品有效供给。"产业优化、技术创新、人才培育和耕地保护",反映了新供给战略的丰富内涵。

一、产业优化

产业优化包括产业内部的结构优化和产业之间的融合,产业结构优化是最为关键的战略问题;第一二三产业融合发展是农业现代化进程中自发演化的重要形式,是破解我国小农户供给与大市场需求矛盾的重要武器。2015 年和 2016 年,中央"一号文件"连续两年明确指出,加快推动一二三产业融合发展,使农民参与并分享产业融合的增值效益,增加农民收入(曹菲等,2021)。

农业产业结构升级对农民收入增长有激励效应,农业产业结构升级分为产业结构合理化和产业结构高级化两个维度。首先,农业产业结构合理化水平越高,农业内部各生产部门之间的生产比例越协调,农业生产经营活动越趋于收益最大化，进而能够在一定程度上提高农民的家庭经营性收入。与此同时，农业产业结构趋于合理化能够优化细分产业的成本收益结构，而成本收益结构的优化将提升非种植部门吸纳劳动力的能力。如此一来，将会推动农民进行兼业经营，从而促进农民工资性收入的增加。其次，农业产业结构趋于高级化能够提高农业生产率水平，增加农业生产的总效益，从而提高农民的家庭经营性收入。同时，农业生产率水平的提升能够加速劳动力的转移，从农业生产中释放出来的劳动力可以从事其他行业的生产活动，进而提高其工资性收入。农业产业结构升级推动了农业产业化的发展进程，使传统农业不断向大农业的方向转变，在此背景下，农民将部分细碎化的土地流转给了农业龙头企业，转让土地的农民可以获得租金即财产性收入。另外，农业产业结构的不断优化，壮大了农村经济规模，激活了农村土地、房产、金融和劳动市场，进一步拓宽了农民的增收渠道。

产业间的交叉融合能够有效降低产业自身的成本，促进产业结构的调整与升级，从而提高各个产业自身的竞争力。从广义上来讲，产业融合是指第一产业与第二三产业之间的融合，指以农业为基础，以农产品生产、加工、经营、消费为主线，通过要素集聚、技术和制度创新，突破农业与第二三产业边界，使农业与工业和服务业有机整合，提升产业关联程度和水平，通过构建紧密的利益联结机制，最终实现农业产业链延伸、农产品附加值提高、农业多功能性拓展和农民收入快速攀升的新型农业产业发展模式。一二三产业的融合发展将会改变农业发展方式，推动农业产业结构的调整与升级。农业产业结构反映着农业产业内部农、林、牧、渔各生产部门在资源配置和能量转化等方面的比例关系，而农业产业结构升级则体现在这一比例关系的合理化和高级化两个维度上（干春晖等，2011）。产业融合对农业产业结构升级有推动效应。首先，产业融合通过整合涉农产业内的相关主体，延伸农业产业链，以优势农业资源为依托，调整农林牧渔业的生产结构，实现农业产业内各生产部门的深度融合和循环发展，进而提升农业产业结构的合理化水平。产业融合可以打破农业原有的单一化生产模式，推动农业生产的商业化和多元化，在提升农业产值的同时，使农业产业结构更加合理化。同时，产业融合能够使得农业生产获得更多的资金支持，改善农业生产条件，提升农业生产效率，使更多的劳动力从种植业中转移出来，转而从事其他部门的生产工作，进一步形成一种更加合理化的农、工、商生产结构。其次，农业产业结构高级化是产业结构调整质量的体现，反映了农业生产能力的提升程度。产业融合对农业产业结构高级化的推动作用主要体现在两个方面：一方面，产业融合可以通过一二三产业深度融合的增值效益来反哺农业，拓展农业功能，深化农业与其他产业的融合互动，提升农业的附加价值，进而提升农业产业结构的高级化水平。另一方面，农业科技进步是产业融合提升农业产业结构高级化水平的最直接体现。产业融合能够加快产业间的技术渗透进程，加快农业科技进步，通过引入大数据、人工智能、计算机等现代信息技术，提升生产专业化和分工程度，优化生产、运输、销售等环节的衔接模式，进而不断推动农业产业结构的高级化进程。

二、技术创新

创新是第一动力，加大农业技术创新对实现农业高质量发展具有重要的支撑与支持作用。农业技术创新被政府摆在农业发展的核心位置，通过加快提升农业科技创新水平，为实现农业高质量发展提供坚实的科技支撑。当前，农业技术创新作为提升农业全要素生产率的核心驱动力，已然成为引导农业高质量发展的关键保障。从理论层面而言，农业技术创新不仅能提高农业生产效率和投入要素利用率，还可以有效降低农业面源污染（李红莉等，2021；姚延婷等，2014）。从现实层面看，一方面，技术创新具有较强的正外部性，农业创新活动所衍生的技术变化会产生明显的空间溢出效应，从而导致本地农业技术创新通过空间溢出效应影响邻近地区的农业高质量发展；另一方面，农业生产大多呈现集中连片的区域特征，意味着区域间的农业生产往往具有空间相关性，进一步为农业技术创新的空间外溢提供了现实基础（罗斯炫等，2018）。

内生增长理论认为，技术创新是经济持续稳定增长的内生决定因素，是知识创造与溢出的重要源泉（Romer P.M，1990）。同时，技术创新又具有典型的公共品特征，可以通过区域间的经济互动而溢出，从而表现出对区域整体技术创新水平提高和经济发展质量提升的正外部性（谢兰云，2013）。农业技术创新通过打破资源稀缺和传统技术落后的限制，大幅提高当地农业生产效率和投入要素利用率，由此对农业生产环境改善和农业发展质量提升产生正向作用（张瑞娟等，2018）。本地农业技术创新对本地农业发展质量的影响具有直接效应，同时，创新成果对其他地区形成的影响又会反过来影响该地区的发展，形成反馈效应（Le Sage et al，2009）。此外，农业技术创新的外溢性为农业高质量发展范围的扩大提供了可能。相关研究一致发现，技术创新具有明显的技术溢出效应，一个地区的技术创新不仅会对本地区的经济发展产生影响，同时还会通过技术溢出效应对周围邻近地区的经济发展产生影响（Cabrer-Borras 等人，2007；张建清等，2018）。

三、人才培育

习近平总书记指出："农村经济社会发展，说到底，关键在人""人才是第一资源"。2004 年起连续 12 个中央一号文件直指农业、农村和农民问题，出台了一系列含金量高、打基础、管长远的强农、惠农、富农政策措施，要求各级政府和涉农部门充分开发农村人力资源，吸引大批城镇农民工返乡务农，大力培养新型职业农民，让新型职业农民安心务农、专心务农，为我国农业现代化建设和社会主义新农村建设提供智力支持。2012 年中央一号文件首次提出"大力培育新型职业农民"，提高农业人力资源整体素质，优化农业人力资源配置结构；2017 年，农业农村部出台《"十三五"全国新型职业农民培育发展规划》提出："以提高农民、扶持农民、富裕农民为方向，以吸引年轻人务农、培养职业农民为重点，通过培训提高一批、吸引发展一批、培育储备一批，加快构建一支有文化、懂技术、善经营、会管理的新型职业农民队伍。"

新型职业农民是以农业为职业、具有相应的专业技能、收入主要来自农业生产经营并达到相当水平的现代农业从业者。这是一个以农业生产活动作为主要劳动内容，需要具备一定的农业生产技能，一定的职业准入门槛、职业规范要求，能够发展成为较大规模，取得较高经济利润，创造较高的社会效益，获得良好的社会尊重的职业群体。与传统农民概念相比较来看，这要求其具备较高的职业素养，在生产、经营理念、知识储备、职业技能以及自身素质修养上都提出了更高的要求（薛琬菁，2021）。

新型职业农民是农业现代化发展的中坚力量，目前还是建设和发展的初级阶段，需要社会、政府等各个层面在其成长过程中进行支持、培养和帮助。随着现代科技的发展和现代管理经营理念的不断优化，农业产业的发展进程需要越来越多掌握先进科学技术、使用新型农业生产材料和设备、运用现代经营管理理念的新型职业农民。随着互联网对农业产业发展的影响不断深化，农业生产的分工不断细化，农业产品创新化和品牌化不断加强，农业生产产业链一体化也成为未来第一产业的趋势，吸引更多具有良好市场分析能力、营销能力、学习能力和创意创新能力的新型职业农民成为未来农业发展的必要需求，新型职业农民的培育也是未来中国现代化农业发展的根基和保障。

四、耕地保护

加强耕地保护是确保我国粮食安全的根本保障。耕地保护已成为我国的一项基本国策，提出要执行"世界上最严格的耕地保护"政策。在提出耕地总量动态平衡战略目标的基础上，制定了《基本农田保护条例》，对永久基本农田实行特殊保护，实施严格的"先补后占、占水田补水田"的耕地占补平衡政策。耕地保护的本质是保护耕地的农产品生产能力，以满足人类生存发展的基本物质需求，要在确保耕地数量的同时，维持耕地生态系统健康，保护耕地生态与质量（陈美球，2022；张凤荣，2022）。

耕地在经营利用过程中，不仅给农民带来经济收益，还为社会公众带来大量非经济效益，包括国泰民安的稳定心态、农民就业与保障、农耕传统文化和农田独特景观等社会效益，以及开放空间、空气与地下水净化、生物栖息等生态效益。其中，为耕种者带来的经济收益，具有明显的竞争性和排他性，是典型的私人物品，而产生的社会和生态效益向整个社会开放，且不会因分享的社会成员增多而增加相应成本，也基本不影响其他成员的享用，表现出典型的公共物品特征。国外众多研究表明，耕地的社会与生态效益，会受经济发展水平、耕地稀缺程度、人口密度等多因素影响：经济发展水平越高，人们对生态环境质量要求越高；耕地越稀缺、人口密度越大，耕地的社会、生态效益就越高（陈美球等，2009）。

由于耕地空间位置的固定性，耕地保护具有强烈的正经济外部性，即耕地保护带来的种种效益并不限于耕地使用者，而是向外部大量扩散，被全社会共同享受。耕地保护的经济外部性还表现出特有的时空特性：一是代内经济外部性和代际经济外部性，不仅为当代人带来丰富的社会和生态效益，还为后代留下宝贵的耕地资源，确保人类社会经济的可持续发展；二是耕地空间分布的不均衡性、区域经济发展的不平衡性，以及农业利用与非农利用的经济比较利益差异，使耕地保护的外部性突破区域界线，表现出空间延伸性。相比于经济发达地区，往往欠发达农业地区保护的耕地和生产的粮食更多。

第二节　要素配置对农民种植意愿的影响

要素资源在一定时期内是既定的，其决定该时期内可供农业生产支配的劳动、资本、土地等的总量大小，从而决定农业产能的高低；此外，要素资源特征反映了要素相对丰裕程度和要素之间的相对价格，直接影响农业生产的成本高低及生产是否具有比较优势，最终决定最优的生产结构。而要素资源（人均耕地面积、人均资本等）是可以随着时间的推移而发生变动的，进行农业新供给战略即是对要素禀赋结构进行优化升级，通过培育新型职业农民，提升技术创新能力，发展适度规模经营，发挥农业生产的规模经济效应，达到提高生产效率、降低生产成本，提高农业经营主体的自生能力，最终实现农民增收的目的。

一、培育新型职业农民对江西农民种植意愿的影响

王兴和王丹霞（2017）认为，培育和培训是两种完全不同的手段。培育是将尚未从事农业生产活动的潜在主体，培养和教育成具有核心技能、"以农为业"的青年从业人员，实现劳动力从城市向农村的时空转移。培训更侧重于时间短、熟练度要求低的技能训练，可以提高传统农民的素质和能力，使其与新环境的发展需要相适应。培训注重手段的控制性和短期性，而培育则更侧重目的性和长期性。因此，扩大新型职业农民队伍的根本途径是培育和培训相结合。

Niewolny K. L 等人（2010）经过研究发现：在农民参与职业教育培训的意愿方面，农民的年龄与参与意愿成反比，务农经验与参与意愿也成反比，农业生产经营人员中女性参与教育培训的意愿要高于男性。随着农村职业教育覆盖面的不断拓展，越来越多的农民开始主动参与由政府提供的农业技能培训，因为农民逐渐开始意识到农业职业教育能够有效提高农业技能和生产管理技能。Hashemi 等人（2011）根据对伊朗农民的研究，认为农民对于培训的需求的影响因素主要在于农民的年龄，年龄越大培训的需求就越小，这是因为农业的相关知识主要来源于自身经验的积累，年龄越大务农的年限就越长，所积累的务农经验就越多，对于培训的需求就会越少；年龄越小务农的年限就会越短，所积累的农业经验就越少，所以政府在提供农业技能培训时应该注重年龄小且缺乏务农经验的农民。此外 Mekuria W（2014）在实证研究的基础上，分析了农民在职业农民培育过程中参与模块化职业培育的有效性，并分析了农民知识差距程度与培育中心联系之间的偏差。研究认为，在影响职业农民培养的因素中，对职业农民培养效果有重要影响的因素有知识、技能、态度、培训体系等。在现实中，农业职业教育的发展应该在以现代方式整合生产潜力的基础上加以推进。另外，Mondal 等人（2014）通过研究分析农民种植有机蔬菜的影响因素，认为农民在面对新型农业技术时会具有惰性，他们习惯依赖传统生产方式，不愿通过职业培训来获取新的职业技能，导致农民对职业培训的需求不高，并且年龄越大培训需求越低。

沈琼和陈璐（2019）基于河南省的调查数据，运用 Logistic 模型分析新型职业农民持续经营意愿的影响因素，并利用 ISM 模型解析各影响因素间的关系和层级结构，发现新型职业农民受教育程度、职业兴趣、职业信心、职业韧性、风险态度、代际传递意愿、技术获取、政府支持、社会保障以及市场预期 10 个因素对其持续经营意愿有显著影响。

周瑾和夏志禹（2018）通过对河北省参加过新型职业农民培育的8000余农民进行全面调查，获得了大量的样本数据，通过多分类Logistic计量模型研究了农民选择务农作为职业时从业选择的影响因素，认为农民选择从事农业产业的主要影响因素有性别、年龄、务农年限、家庭人口、当地农业发展水平等。马艳艳和李鸿雁（2018）在宁夏银北通过调查获得新型职业农民培训行为的相关样本数据，通过运用二元Logistic模型分析认为，参与意愿主要受农民的年龄、学历层次、经营状况、过往培训经历、政策认知的影响。周杉和代良志等人（2017）根据在陕西西部四县的调查数据，试图通过二值Probit模型分析找出新型职业农民培育效果的影响因素关系，研究发现农民受教育水平、政府支持有效性、农民生产经营业绩对培育效果有显著的正向影响。吴良（2017）在新疆调查职业农民培训情况后，将样本数据运用Logistic回归模型进行分析，研究发现参与对象家庭成员数量、家庭劳动力数量、支付的培训费用对农民参与职业农民培训具有显著的影响。郑兴明和曾宪禄（2015）通过对农业科学类在校大学生的务农意愿进行调查后获得了582个样本，运用Multivariate Probit Model数据工具，研究了农业科学类在校大学生毕业后到农村工作的意向和影响因素，研究结果表明大学生的个人和家庭情况、行业发展情况、家乡环境以及对农业的认知情况是影响大学生到农村工作意向的主要因素。黄枫燕和郑兴明（2018）通过调查获得样本数据，运用Multivariate Probit Model工具进行研究，认为农业产业充分吸收农业科学类大学毕业生就业同样是培育新型职业农民的重要渠道，能够吸纳更多年轻人从事农业产业，拓宽职业农民的来源，缓解农民数量不足的问题，因此对农业科学类大学毕业生选择到乡村从事农业产业工作的意愿及其影响因素的研究十分必要。金胜男和宋钊等人（2015）以问卷形式对生产经营型职业农民开展调查，获得相关样本数据后，通过Logistic进行回归分析发现，新型职业农民的影响因素中农民的文化水平、市场信息的把握情况以及务农收入等因素影响显著。吴易雄（2016）对百村千名新型职业农民进行问卷调查，运用二元Logistic 回归模型，分析参与了培育的新型职业农民的务农意愿影响因素，指出政策的优惠对于新型职业农民的务农意愿具有重要影响，并根据实际提出了具体的政策建议。徐辉和孔令成等人（2018）在 7 省 63 村进行抽样调查后，运用三阶段 DEA 模型对数据进行分析，发现职业农民的管理技能和市场信息的获取情况对农业生产效率具有重要影响，政府要加大对新型职业农民的培训力度，以提高他们的农业生产效率。

二、技术创新对江西农民种植意愿的影响

农业技术创新为农民提供先进的技术、设备、品种，也产生新的研究方法，并且最终将提高生产率，从而增加农产品的产出水平与农民收入，提升农民种植意愿。有学者从政府职能角度出发，认为政府是农业技术创新的先驱者和主要推动力量，通过制定制度法规、发挥管理作用等一系列市场宏观调控措施，给市场上各个微观主体的创新行为带来间接作用，以达到社会福利最优状态。舒尔茨在 1999 年提出新的生产要素是农业生产效率提高和农民收入增加的必要条件，而新的生产要素不仅包括品种、化学肥料、机械等物质要素，还包括能够充分利用这些新生产要素、具有先进科技文化知识的人才要素。速水佑次郎（2000）指出，农业技术的采用大大增加了农业生产的可能性边界，农业技术的进步使得农业生产挣脱了无弹性的生产要素供给对它的约束，从而带来农业增产增收。陈世军（1998）指出，我国从 20 世纪 80 年代中期以来，技术进步已逐渐成为经济发展的主要推动力量，但是农业科学技术方面的研究投入效率急切需要提高。黄季焜等（2001）认为，要实现农业快速发展和农民收入增加，其关键在科技，首先必须建立农业技术创新体系，其次必须创新当前我国农业技术发展制度和模式。黄祖辉等

（2003）认为经济发展不再单纯地由过去的资本和要素的投入来推动，技术已经成为经济发展的主要驱动力量，农业技术进步对农民收入增长起明显的促进作用，并且技术研发资金与人力资源配置相结合成为增加社会收入的主要力量。虽然部分学者从理论研究方面肯定了农业技术创新对农民增收的作用，但是一部分学者基于实证的研究得出了农业技术创新给农民收入带来不确定影响的结论。钱峰燕（2004）、刘进宝和刘洪（2004）基于农业塔板理论，研究得出一些农业创新技术虽然得到了政府的大力推广，但是其对农民收入的增长和生活质量的提高并没有起到明显的积极作用，甚至在某些情况下起到了反向作用。

第三节　政策支持对农民种植意愿的影响

农业技术创新支持政策不会对农民收入的增长产生直接影响，而是通过农业技术创新活动的开展以及技术补贴的方式表现出来，促使农业产业更新乃至转型升级，实现农民收入增加，优化农民收入结构。

农业基础设施建设是国家农业支持保护政策体系当中实现农业投入结构优化的重要一环，农田基础设施建设则是关键部分。作为农业技术创新活动开展的主要载体，完善便捷的农业基础设施可以为农业技术运用和成果落实提供更加便利的条件。而土地既是农业发展活动所必需的基础设施之一，又是农业生产投入要素之一。毋庸置疑，大片平整且水利设施较为完善的高标准农田的产出往往比山地坡地等细碎化土地的产出要高，也是实现农业规模化生产经营、获得规模化经济效益的先天条件，而且便利的耕种条件能够减少劳动力投入，提高农业机械使用率，降低农业生产成本，促进农民增收。在高标准农田上进行农业生产经营活动，对生态环境产生的破坏和影响要远比碎片化的山地和坡地小得多，进而获得更高的生态效益。因此，通过高标准农田建设和高效节水灌溉项目建设，可以提高农作物产量和质量，为当地农民收入增加提供必要条件。

农业技术创新研发政策的推动，能够有效实现作物新品种的选育，这是保证创新工作继续实行下去的首要任务。农产品品种的多样化能够丰富农民农业生产经营选择，增加农户收入渠道。同时，多样化的农产品品种可以有效地使农户规避自然环境和市场变化的风险，避免因为农作物生产品种单一导致的农户利益受损。一般来说，农业技术创新中对农作物品种进行改良的目标主要集中在作物单产和质量的提升方面，那么最先采用新的技术创新成果的农户能够生产出较以往产量更大、质量更优的农产品，而优质农产品同时伴随着高附加值和较大价格弹性，在这种情况下最先采用新技术的农户收益必定要高于一般农户。但是，随着农业技术扩散和不断推广，越来越多的农户会选择采用新的技术创新成果，那么全行业农产品质量必将上升，新的技术创新成果所带来的价格红利也消失殆尽。因此，短期来看，农业技术创新肯定会使得一部分农户实现收入的增加，而长远来看的话，它也会促使整个行业产品的升级换代。

加快农业人才培养是尽快落实农业技术推广培训，促进农民收入增加的重要途径。劳动力作为农业发展的必备投入要素之一，其质量好坏对农业发展过程和结果产生着重要的影响，高质量的劳动力能够快速地接受新的技术成果，并将其运用到农业生产当中，同时对新生产方法的采用能够促使农民技术水平的提高，进而提高生产效率。此外，提高市场的敏锐洞察力，能最大限度地降低市场风险带来的利益损失以及实现具有市场前景的种养品种选择，从而增加农民收入。农业技术通过推广得以扩散，从某种程度上看，农户接受新技术的过程其实也是自身被动的学习过程，能提升农民素质技能。而农民素质技能的提升既是农户自身实现农业生产经营方法改进和收入增加的必要条件，同时也是农业技术扩散推广所想要达到的目的之一，进而使得农户在作物品种选择、种养技术以及农产品市场信息解读方面拥有更科学的判断。

第四节　市场化因素对农民种植意愿的影响

许多学者集中围绕价格开展一系列研究，把价格作为影响农户种植决策最为主要的指标，较高价格可以刺激农户对种植的积极性（李娟娟等，2018；王亚坤等，2015；王天穷等，2014）。还有一部分学者围绕成本投入方面展开论述，向红玲和陈昭玖（2019）用结构方程模型证实，物质而非人力对农户是否愿意规模化种植起着较大作用；吴连翠等（2021）同样对物质资本与农户意愿关系进行研究，结果表明单产土地租金和粮食生产总投入对持续种植意愿呈反向影响，粮食销售收入和田地质量提升的投入对持续种植意愿呈正向影响。姚文和祁春节（2011）基于交易成本理论和中国茶叶优势产区9省（区、市）29县1394户农户的调查数据，表明相比于小规模农户，大规模农户在选择农产品流通渠道时更容易受到户主教育水平、认知水平及风险态度的影响，进而影响农民种植意愿。

从农产品品牌内涵来看，农产品品牌是区域品牌在农业领域的延伸。沈鹏熠（2011）认为，农产品品牌是在特定的地理环境中基于独特的自然资源以及长期的种植、育种、收获和加工技术生产的农产品，是得到消费者认可、影响力较高、经过长期积淀而形成的农产品区域标志。在市场经济条件下，培育农产品品牌可以显著提高农产品的市场竞争力（Hankinson G，2004），产业的品牌竞争优势可以为关联公司带来巨大的经济和社会效益，并极大地促进经济的快速发展（易思思，

2014）。此外，还有学者分析了品牌对农民收入的作用。传统农产品销售方式下，农民在农业产业链中处于最底层，农产品利润被中间环节特别是代理人、中间商获得，农民收入增幅有限。研究表明，农产品产业在引入品牌这一新模式后，农民在农业产业链中的作用得到强化，伴随着农产品价值的增加，农民收入与种植意愿也得到显著拉动（王中，2012）。分析其原因：第一是品牌产生消费拉力，农产品认可度更高，不愁销售；第二是在品牌的影响下售价提高，不管是中间代理还是农户的收入都会增加；第三是品牌使农民销售主动权得到加强，受代理商等中间环节的影响降低，无论有无良好的利益共享机制，农民都可以从品牌农产品交易中增加收入（杨明强等，2013）。当农产品品牌进入传统农业经营中时，"区域 + 农产品"这样的农产品区域品牌由于具有一定知名度，消费者接受较高于一般农产品的价格，因此随着售价的提高，中间代理商等也愿意支付农民更高的价格进行品牌农产品收购，农民收入与种植意愿随之提高。

第五节　认知特征对农民种植意愿的影响

除了上述因素，农户的认知特征也会影响农民的种植意愿。农户个体。农户个人对其行为决策有着重要的影响，主要涵盖了受访者的年龄、性别、受教育程度、风险偏好、个人职务与身份、务农年限、务工/务农经历、个人能力与经验等因素。孔凡斌等人研究表明，个人的年龄、受教育程度、风险偏好对小农户测土配方施肥的采用有显著的提升影响（孔凡斌等，2019），秦明、范焱红等人的研究也进一步验证了年龄和风险偏好显著影响农户测土配方施肥的结论（秦明等，2016）。陈美球、袁东波等人研究发现，年龄对生态耕种有负向作用，新生代农户较老一辈农户采纳生态耕种的积极性更大（陈美球等，2019）。谢贤鑫等人基于江西省的样本调研，认为年龄对纯农户合理施用化肥存在负向作用，性别对一兼户合理施用化肥的影响显著（谢贤鑫等，2018）。肖新成、倪九派以重庆涪陵区为例，发现个人年龄、受教育程度、是否为村干部等是影响农户农业清洁生产技术采纳与否的重要考量（肖新成等，2016）。文长存、汪必旺等人重点研究了农业生产不同环节的技术采纳原因，其中受教育程度越深，农户越愿意采纳秸秆还田技术，有外出务工经历的农户对免耕栽培技术和精量播种技术更有兴趣，而社会公职、教育水平和外出务工经历对机收技术采纳有更大的影响（文长存等，2016）。黄炎忠、罗小锋以生物农药施用为例，研究发现对于口粮型的农户而言，其文化水平越高，采纳生物农药的概率越大（黄炎忠等，2018）。傅新红、宋汶庭对四川省的样本调研，同样发现了个人的文化程度对生物农药购买和施用行为的正面作用（傅新红等，2010）。但也有学者基于广东省的调查，认为个体禀赋对农户农药安全技术行为没有显著影响（钟文晶等，2018）。蒋琳莉、李芳等学者分别对农户废弃物资源回收行为和农户低碳生产行为进行研究，均发现务农年限对农户行为的制约作用，即务农年限越长，农户回收废弃物和采纳低碳行为的可能性越低（蒋琳莉等，2014；刘芳等，2017）。也有研究基于面板数据发现种植经验越丰富，稻农采用保护性耕作行为的概率随之增加（唐利群等，2017）。

家庭资源禀赋。以家庭资源禀赋作为影响生态耕种的具体指标，主要包含家庭人口、家庭收入、耕地经营规模、参与组织情况、生计方式和家庭资源资产情况等内容。具体而言，孔凡斌等学者研究认为，家庭总收入对小农户测土配方施肥具有积极作用，劳动力总数、非农劳动力数量和养殖业收入对有机肥施用也有积极作用（孔凡斌等，2019）。纪龙等人通过调查发现，随着土地经营规模的扩大，农户化肥投入量将呈现减少的趋势（纪龙等，2018）。谢贤鑫等人的研究则认为家庭年收入、劳动力比重是影响纯农户和二兼户合理施肥的因素，耕地经营规模会显著影响纯农户和一兼户的合理施肥行为（谢贤鑫等，2018）。王思琪等学者认为生计分化对环境友好型技术采纳行为有显著影响，其中劳动力非农比重将随着家庭非农收入比重的增加而递减（王思琪等，2018）。也有研究基于苹果主产区的微观数据，验证了劳动力转移和是否加入合作社对测土配方施肥技术选择的正向影响（张聪颖等，2018）。李波、梅倩基于湖北省的调查数据，发现没有安装互联网的农户，其农药施用表现为高碳行为，安装了互联网、没有安装有线电视的农户处理农膜倾向于低碳行为（李波等，2017）。李想、穆月英通过对辽宁设施蔬菜种植户的调查，认为家庭收入、种植规模和是否加入合作社对农户采用不同可持续生产子技术的影响存在异质性（李想等，2013）。邝佛缘等学者基于对江西省 2028 份农户调查问卷的分析，发现耕种面积、农业收入比重是影响农户环保行为的主要正向因素（邝佛缘等，2018）。姚科艳等人则以 1024 个不同农作物的种植对象为例，认为家庭劳动力人数越多，家庭兼业化程度越深，农户采纳秸秆还田的可能性越大（姚科艳等，2018）。徐志刚等人则认为不同规模的农户秸秆还田采纳存在异质性，规模户采纳积极性高，较短的地权期限限制了技术效益，进而抑制了秸秆还田技术的采用（徐志刚等，2018）。李卫等人基于黄土高原的样本数据，发现农业收入占比低、家庭收入高的农户对保护性耕种技术采纳程度更深（李卫等，2017）。

自然条件。涉及自然条件对生态耕种影响的因素主要包括区位条件，如交通距离、耕地条件（如耕地细碎化程度、地块数和土壤肥力）等。具体而言，有学者认为，乡镇距离对测土配方施肥技术的推广有显著的负向影响（李子琳等，2018）。李想、穆月英等人认为农户家庭与市场距离是影响农户采纳不同可持续生产技术的重要因素（李想等，

2013）。蔡荣以苹果种植户为例，研究发现了果园离家距离、果园规模与农户有机肥施用量存在正相关关系（蔡荣等，2011）。蒋琳莉等人对生产性废弃物进行研究，发现家庭离最近公路的平均距离会显著影响农户的废弃物弃置行为（蒋琳莉等，2016）。吕杰等人研究表明，村距县城距离将显著影响农户秸秆处置方式（吕杰等，2015）。纪龙等人则发现耕地地块越集中，农户化肥投入量将越少（纪龙等，2018）。也有研究基于生态脆弱区，发现农地细碎化程度越高，越不利化肥减量化施用（黎孔清等，2018）。农地细碎化对节水灌溉技术采纳有负向影响，但细碎化程度对测土配方施肥却有积极影响（文长存等，2016）。此外，耕地细碎度是农户环保行为的重要考量，细碎度越大，环保决策行为的可能性越低（邝佛缘等，2018）。也有研究表明，果园土壤越肥沃，园地越集中，果农越有可能采纳测土配方施肥（张复宏等，2017）。

　　行为认知。认知是行为的先导，正确的认知对生态耕种行为的采纳起着关键的引导作用。研究发现，过量施肥对土壤影响的认知程度对小农户有机肥施用行为有显著影响（孔凡斌等，2019）。过量施肥认知、有机肥施用效果认知对农家肥施用有促进作用，对化肥合理施用作用不大（肖阳等，2017）。当农户认为过量施肥好时，其化肥减施采纳度低；当农户对污染认可程度高、对化肥减施措施了解程度高时，农户减施化肥的可能性大（郭清卉等，2018）。也有学者以农药施用为例，认为技术服务感知对不同主体生物农药施用强度影响存在差异，技术获取感知对农户的采纳决策影响小（畅华仪等，2019）。政府禁止施用农药认知对农户绿色农药购买行为有显著影响（姜利娜等，2017）。也有研究表明，农户秸秆还田和出售行为主要受到其还田和出售意愿的影响（漆军等，2016）。

　　制度安排。制度安排为农户的耕种行为提供了重要的指导与保障。首先在确权政策上，有研究表明，对承包地而言，确权将促进化肥减施，配方肥和有机肥增施，但对秸秆还田影响不大（周力等，2019）。
对规模农户而言，地权期限越短，农户采用秸秆还田技术将受到严重的
抑制（徐志刚等，2018）。其次是补贴政策上，有学者研究发现，补贴
政策要在惩罚或信息诱导措施结合下，才能有效地激励农户采纳保护性
耕作技术（童洪志等，2018）。政府是否对生产给予补贴，是农户决定
是否施用生物农药的重要考量（田家榛等，2019）。秸秆还田补贴与秸
秆利用核查对秸秆还田技术的采用有正向作用（姚科艳等，2018）。政
府的督察力度、补贴是否到位等因素共同决定了农户是否将秸秆露天燃
烧（左正强，2011）。再次在技术培训与推广政策上，应瑞瑶、朱勇研
究发现，技术培训能有效地降低农业化学品的投入数量，且完全的技术
指导效果要好于仅提供技术培训的效果（应瑞瑶等，2015）。政府的技
术支持力度对农户减施化肥量起着积极的作用（徐卫涛等，2010）。最
后在政策宣传与引导上，已有研究表明，政府宣传能够降低农户施药
次数（陈欢等，2017）。政府引导能有效改善养殖户污染物的随意废弃
行为，但管制措施的作用并不明显（徐志刚等，2016）。政府的督察
力度也是减少农户露天焚烧秸秆的重要手段（左正强，2011），而政府
示范和宣传引导则是吸引农户采纳保护性耕作的主要原因（汤秋香等，
2009）。

第六章
江西绿色农业种植主体供给意愿实证研究

21 世纪以来，随着新型工业化、城镇化的加快，大量农村劳动力不愿从事农业生产，纷纷来到城镇从事非农工作，导致农村"耕地谁来种、畜禽谁来养、农业谁来兴"成了一个严重的社会问题；同时党和国家也高度认识到了这些问题的严重性。2022 年 3 月 6 日，习近平总书记在参加全国政协十三届五次会议农业界、社会福利和社会保障界委员联组会时讲话指出："实施乡村振兴战略，必须把确保重要农产品特别是粮食供给作为首要任务，把提高农业综合生产能力放在更加突出的位置，把'藏粮于地、藏粮于技'真正落实到位。"

在农业供给侧改革不断推进、经济增速放缓的背景下，需推进农业生产经营领域产前、产后的延伸，解决未来"谁来种地""怎么种地"等问题。农户是否愿意持续种植并扩大种植规模，取决于生产收益是否能够满足其自身期望。研究分析农户农业生产意愿的影响因素，探讨调动农民农业生产积极性及增强其农业生产能力的相应对策，能够有力推动我国农业现代化建设和社会主义新农村建设。

第一节　江西省粮食种植现状

一、粮食种植概况

江西地处长江中下游南岸，是全国 13 个粮食主产省之一，以全国 2.3% 的耕地生产了全国 3.25% 的粮食。土地面积 16.69 万平方公里，总人口 4666.1 万，其中乡村人口 1986.8 万人，占比 42.6%。同时，农业农村资源十分丰富，素有"鱼米之乡"的美誉，是新中国成立以来全国两个从未间断输出商品粮的省份之一，是东南沿海地区农产品供应地。如图 6-1 所示，以"十三五"末为时间节点，根据 2021 年国家统计局数据整理，江西省粮食总产量为 2192.3 万吨，居全国第十三位，其亩均产量为 387.4 公斤 / 亩，居全国第十五位。农村居民收入增长平稳。2021 年，江西省粮食种植面积 5659.2 万亩，产量 438.5 亿斤，超额完成国家下达的目标任务。其中早稻产量 134.6 亿斤，同比增加 5.3 亿斤，占全国增量的 36.6%，增幅居全国第一位；双季稻面积 3718.8 万亩，比重达 72.5%，居全国粮食主产省第一位。

随着江西城市化、工业化的发展，农村劳动力倾向于进城务工，劳动力不足及农村空心化等问题影响了粮食的持续种植，基于江西在全国粮食生产和消费中的重要性，分析粮食种植主体的种植行为具有深远的意义。

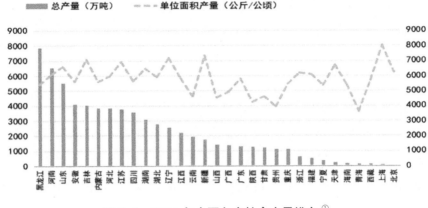

图 6-1 2021 年全国各省粮食产量排名[①]

二、种植主体情况

江西省推动新型农业经营主体高质量发展，促进质量效益稳步提升，从省到市级单位出台了各种经营主体的扶持政策。2021 年，全省龙头企业数量超过 963 家，农民合作社数量达到 7.43 万家，家庭农场数量 9.2 万家，规模农业经营户 46.6 万户，新型职业农民达 100 万人。

随着农业供给侧结构性改革政策的深入，江西省粮食播种面积逐渐稳定，其种植结构不断变化，各类新型农业经营主体正处于良好发展机遇期。江西现代化农业发展水平较高，其中粮食种植主要是水稻，随着机械化水平的提高，集中化规模经营在逐渐扩大，省市不断加大对粮食经营主体的各项生产补贴和政策扶持支持力度。普通农户、专业大户、家庭农场等在生产经营方面还存在一些困难和问题，例如资金不足、管理技术不成熟、抗风险能力较低等还亟待解决。

---

① 数据来源：根据国家统计局发布的"2021 年粮食产量数据的公告"整理而成。

第二节　数据来源及样本描述性分析

从数据统计结果来看，调研的 1121 户农户中，806 户农户愿意持续种植粮食作物，占样本总量的 71.9%，有 315 户农户不愿意持续种植，占样本总量的 28.1%。这表明，研究区粮食作物种植农户种植收益较为可观，调查地区大部分的农户愿意持续种植，但也有超四分之一的农户考虑到成本、市场销售、产量等因素影响不愿意再持续种植，选择改种其他收益较高的农作物，甚至选择收入较高的其他产业。

一、研究区选择及数据来源

（一）研究区选择

宜春市位于江西省西北部，是江西重要的农业大市，素有"农业上郡，赣中粮仓"之称，是全国的粮食主产地，全市有 8 个县市区被列为全国商品粮基地，历年粮食总产量位居江西省第一，曾荣获农业农村部授予的"全国粮食生产先进市"称号，宜春富硒有机大米已成为全国农业产品闪亮的名片。上饶市位于江西省东北部，是全国、全省粮食主产区之一，年粮食种植面积 870 万亩以上，粮食总产量 65 亿斤以上，每年向国家提供商品粮 25 亿斤左右。

2020 年，江西粮食播种面积为 56.5 亿亩，粮食作物总产值为 609 亿元，宜春市与上饶市占据江西省粮食作物总产值前两位，占全省粮食作物总产值的 41%（如图 6-2 所示）。同年，两市粮食种植面积占全省总种植面积的 31.7%，粮食产量占全省粮食总产量的 32.29%。

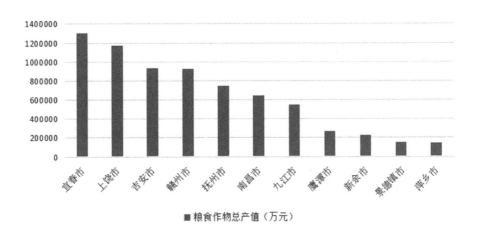

图 6-2　2020 年江西省各地区粮食作物总产值[①]

（二）数据来源

基于以上研究区的粮食资源禀赋，本次问卷调查选择在江西省宜春市与上饶市展开调研，并选取宜春市粮食作物产量与播种面积占全市 50%以上的丰城市、高安市和樟树市（如图 6-3 所示），上饶市粮食作物产量与播种面积占全市近 50% 的鄱阳县与余干县（如图 6-4 所示）作为样本区域进行研究。调研采用随机抽样方式确定调研样本，采取现场一对一、线上问卷的方式进行数据收集。

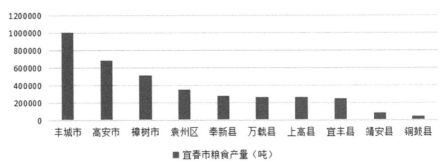

图 6-3　2020 年宜春市各地区粮食产量[②]

---

① 数据来源：根据 2021 年江西省《统计年鉴》整理而成。

② 数据来源：根据 2021 年宜春市《统计年鉴》整理而成。

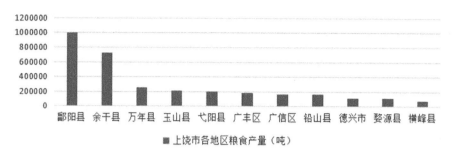

图 6-4　2020 年上饶市各地区粮食产量 ①

此次共调研了宜春与上饶两个市下辖的 3 个县级市、2 个县，受访者为种植农户主要家庭成员，发放问卷 1200 份，回收整理有效问卷 1121 份，样本整体有效率 93.42%，具体情况如表 6-1 所示。

表 6-1　调研样本分布

市	县（市）	问卷有效样本数
宜春市	丰城市	228
	樟树市	231
	高安市	221
上饶市	余干县	218
	鄱阳县	223

数据来源：根据调查问卷整理。

二、调查方案设计

查阅相关文献和资料发现，影响农户种植意愿的因素有很多，在综合学界已有文献研究的基础上，从农户作为理性经济人的角度出发，以农户行为理论、生产经济理论、农业规模经济理论及农业持续发展理论为指导，结合对江西省宜春市和上饶市种植农户的实际调研情况，在两市选取随机样本，调查对象样本选取当地种植农户个体，合理设计调查

---

① 数据来源：根据 2021 年上饶市《统计年鉴》整理而成。

问卷，采取现场一对一、线上问卷的方式进行数据收集。最终确定从四个维度进行问卷调查，即农户家庭特征、生产经营特征、市场销售特征、外部特征。

三、种植主体种植意愿描述性分析

（一）农户持续种植意愿统计分析

从表6-2的统计结果来看，调研的1121户农户中，806户农户愿意持续种植粮食作物，占样本总量的71.9%，有315户农户不愿意持续种植，占样本总量的28.1%。这表明，江西省种植农户收益较为可观，调查地区大部分的农户愿意持续种植，但也有超四分之一的农户考虑到成本、市场销售、产量等因素影响不愿意再持续种植粮食作物，而选择改种其他收益较高的农作物，甚至不进行农业劳作。

表6-2　农户持续种植意愿统计情况

类型	普通农户（户）
愿意	806
不愿意	315
合计	1121

数据来源：调研数据整理。

从表6-3可以看出，农户不愿意持续粮食种植的主要原因有家庭因素、农村生活质量、城乡差距大及受气候影响较大、收入不稳定等。

表6-3　农户持续种植意愿原因分析

不愿意从事农业劳动原因	受气候影响较大，收入不稳定	家庭因素	农村生活质量	城乡差距大	其他原因
人数（人）	369	282	176	157	137

数据来源：调研数据整理。

（二）农户持续种植意愿描述性分析

1. 家庭特征与种植意愿分析

（1）个体性别与种植意愿

由表 6-4 统计数据可知，江西从事粮食种植的农户主要为男性，其占比为 59.77%，女性为 40.23%。男性的粮食作物种植意愿更高一些，其占比为 45.32%，女性为 26.58%，原因可能是农业种植属于体力劳动，每年农历六月、八月、十月，正是粮食作物割收的关键时期，种植户需要长时间在田间劳动，男性耐力较强于女性；另外，女性还要兼顾家庭、子女等，造成男性较于女性种植意愿更高。由此可见，农户个体的性别是影响持续种植意愿的因素之一，且对意愿呈正向影响。

表 6-4　农户主体性别与种植意愿

性别	愿意		不愿意		总计	
	频数	占比（%）	频数	占比（%）	频数	占比（%）
男	508	45.32%	162	14.45%	670	59.77%
女	298	26.58%	153	13.65%	451	40.23%
总计	806	71.90%	315	28.10%	1121	100.00%

数据来源：调研数据整理。

（2）年龄特征与种植意愿

由表 6-5 可知，调研区内从事粮食种植主体的年龄结构以 31—50 岁为主，其占比为 38.98%；其次为年龄 19—30 岁的青年劳动力，其占比为 27.03%；年龄为 51—60 岁的中老年劳动力占比 21.68%；年龄为 60 岁以上的老年劳动力占比 8.3%，因为体力不足，难以继续维持农业体力种植劳动，行为趋于保守稳定，需要照顾子孙辈等，这一年龄段的劳动力的持续种植意愿不高；年龄为 18 岁及以下的少年劳动力占比 4.01%，由于其普遍处于求学年纪，难以协助家庭持续种植。

年龄为 19—50 岁的农户种植意愿占比 66.01%，该年龄段农户也为家庭主要劳动力。结合不愿持续进行粮食种植的统计数据可看出，农户个体的年龄越高，不愿持续种植意愿越强，即持续种植意愿越低。由此可见，农户个体的年龄是影响粮食种植意愿的因素之一，且对意愿呈反向影响。

一般来说，处于中年的农户生产经验和抗风险能力更高，所以更愿意持续种植；而年龄较大者，更多选择保持规模不变的状态，其主动生产积极性逐渐降低。

表 6-5　农户主体年龄与种植意愿

年龄	愿意		不愿意		总计	
	频数	占比（%）	频数	占比（%）	频数	占比（%）
18 岁及以下	33	2.94%	12	1.07%	45	4.01%
19—30 岁	218	19.45%	85	7.58%	303	27.03%
31—50 岁	341	30.42%	96	8.56%	437	38.98%
51—60 岁	142	12.67%	101	9.01%	243	21.68%
60 岁以上	72	6.42%	21	1.88%	93	8.30%
总计	806	71.90%	315	28.10%	1121	100.00%

数据来源：调研数据整理。

（3）文化程度与种植意愿

由表 6-6 统计数据可知，研究区种植农户个体受教育程度主要为初中以下。其中，初中占比 37.91%，小学占比 29.88%，合计占总样本量的 67.79%。结合年龄统计数据，可能由于粮食种植主要劳动力（31—50 岁）求学期间因家庭经济原因、义务教育未普及以及父母教育观念落后，所以其受教育程度普遍较低。随着教育理念深入，新型职业农民的快速发展以及大学生返乡创业的浪潮，受教育程度为高中 / 中专 / 技校和大学专科 / 本科及以上的总占比达 32.21%，为农业发展注入了新活力，提升了整体文化程度。但总体上大学专科/本科以上的占比相对偏低，为11.69%，大部分文化程度为初中以下。

但文化程度为初中的农户持续种植意愿呈下降趋势，"不愿意"种植的比重为10.35%，在各文化段占比最高。这可能是由于该部分采用传统耕作的农户，对新耕作技术、方式及电商等新型农业模式不适应，更愿意选择收益更高的非农工作。由此可见，农户个体的受教育程度是影响持续种植意愿的因素之一。

表6-6　农户文化程度与种植意愿

学历	愿意		不愿意		合计	
	频数	占比（%）	频数	占比（%）	频数	占比（%）
小学	265	23.64%	70	6.24%	335	29.88%
初中	309	27.56%	116	10.35%	425	37.91%
高中/中专/技校	162	14.45%	68	6.07%	230	20.52%
大学专科/本科及以上	70	6.25%	61	5.44%	131	11.69%
合计	806	71.90%	315	28.10%	1121	100.00%

数据来源：调研数据整理。

（4）种植年限与种植意愿

由表6-7统计数据可知，研究区种植农户个体种植年限最多为6—10年，占比30.6%；其次为11—15年，占比27.56%；次之为1—5年，占比19.54%；种植年限为16—20年的占比16.06%；种植年限20年以上的仅占比6.24%。研究区种植农户的种植年限主要为1—15年，累计占比77.7%。

种植年限为6—10年的农户种植意愿最高，可能由于样本年龄为31—50岁的比重较大，为家庭主要劳动力，更愿意维持粮食种植增加家庭收入；种植年限为11—15年的农户持续种植意愿次高，可能由于种植农户经过多年种植，已积累大量种植经验，不愿放弃种植；种植年限为 20 年以上的种植户种植意愿最低，可能由于现阶段的耕作效率致使收益较非农工作低，以及随着年龄增长，身体难以继续维持劳作，故而选择非农工作。由此可见，农户个体的粮食作物种植年限对持续种植意愿的影响具有不确定性，需要通过后期分析得出结论。

表 6-7　农户主体种植年限与种植意愿

种植年限	愿意		不愿意		总计	
	频数	占比（%）	频数	占比（%）	频数	占比（%）
1—5 年	145	12.94%	74	6.60%	219	19.54%
6—10 年	243	21.68%	100	8.92%	343	30.60%
11—15 年	223	19.89%	86	7.67%	309	27.56%
16—20 年	137	12.22%	43	3.84%	180	16.06%
20 年以上	58	5.17%	12	1.07%	70	6.24%
总计	806	71.90%	315	28.10%	1121	100.00%

数据来源：调研数据整理。

（5）非农工作经验与种植意愿

由表 6-8 统计数据可知，研究区具有非农工作经验的种植农户占多数，占比为 58.07%；无非农工作经验占比为 41.93%。同时，具有非农工作经验的种植户种植意愿也很高，其占比超五分之二。这可能是由于江西粮食作物种植劳动时间较为分散，如种三季稻，劳作时间为当年农历六月、八月、十月，一季稻或二季稻劳作月份更少，大部分种植农户在非种植时间选择非农工作获得额外收入，两者兼顾是维持稳定、风险较低的收益方式。由此可见，农户个体的非农工作经验是影响持续种植意愿的因素之一，但对持续种植意愿的影响具有不确定性，需要通过后期分析得出结论。

表6-8　农户主体非农工作经验与种植意愿

非农工作经验	愿意		不愿意		总计	
	频数	占比（%）	频数	占比（%）	频数	占比（%）
是	475	42.37%	176	15.70%	651	58.07%
否	331	29.53%	139	12.40%	470	41.93%
总计	806	71.90%	315	28.10%	1121	100.00%

数据来源：调研数据整理。

（6）家庭从事种植人口与种植意愿

由表6-9统计数据可知，研究区种植农户家庭从事种植人口主要为2人，占比高达49.42%。其次种植人数为1人，占比25.69%；最低为种植人数4人及以上，占比9.81%。家庭从事种植人口主要为1—2人，总占比为75.11%。

愿意持续种植的农户家庭从事种植人口主要为1—2人，占样本总量的57.18%，可能由于研究区内种植经营模式仍以农业家庭经营或主要劳动力为主，能合理分配劳动，减少生产经营成本；农户家庭从事种植人口由2人到4人及以上占比逐渐递减，到4人以上种植意愿最低，为6.6%，符合边际效益递减规律，在耕地面积、生产投入等不变的情况下，随着劳动力投入增加，种植收益的边际收益减少。从上述分析可知，农户家庭从事种植人口对持续种植意愿的影响分布较为不均，具有不确定性，需要通过后期分析得出结论。

表6-9　家庭从事种植人口与种植意愿

种植人口	愿意		不愿意		合计	
	频数	占比（%）	频数	占比（%）	频数	占比（%）
1人	244	21.77%	44	3.92%	288	25.69%
2人	397	35.41%	157	14.01%	554	49.42%
3人	91	8.12%	78	6.96%	169	15.08%
4人及以上	74	6.60%	36	3.21%	110	9.81%
合计	806	71.90%	315	28.10%	1121	100.00%

数据来源：调研数据整理。

（7）家庭种植面积与种植意愿

由表6-10统计数据可知，研究区种植农户家庭种植面积主要为5亩以下，占比30.15%；其次为6—10亩，占比22.4%；次之为16—20亩，占比16.23%。总体来看，家庭粮食作物种植面积主要为20亩以下，总占比84.93%。

当家庭种植面积为15亩以下时，农户持续种植的意愿随面积的增加呈不规则波动；当农户家庭种植面积为15亩以上时，农户持续种植意愿随着面积的增加而不断下降。从上述分析可知，农户家庭种植面积对持续种植意愿的影响具有不确定性，需要通过后期分析得出结论。

表6-10　农户主体种植面积与种植意愿

种植面积	愿意		不愿意		总计	
	频数	占比（%）	频数	占比（%）	频数	占比（%）
5亩以下	251	22.39%	87	7.76%	338	30.15%
6—10亩	182	16.24%	69	6.16%	251	22.40%
11—15亩	137	12.22%	44	3.93%	181	16.15%
16—20亩	124	11.06%	58	5.17%	182	16.23%
20亩以上	112	9.99%	57	5.08%	169	15.07%
总计	806	71.90%	315	28.10%	1121	100.00%

数据来源：调研数据整理。

（8）家庭资金获得能力与种植意愿

由表6-11统计数据可知，研究区种植农户家庭资金获得能力为"非常容易"的最多，占比38.54%；其次为"比较容易"，占比26.41%；次之为"一般"，占比19.54%；"比较困难"占比11.95%；"非常困难"最少，占比3.56%。

愿意持续种植的农户家庭资金获得能力为"非常容易"至"一般"，占样本总量的84.49%，其比例非常高，体现了农户家庭种植意愿受资金获取能力的影响较大。由此可见，农户家庭资金获得能力是影响持续种植意愿的重要因素之一，且对意愿呈正向影响。

表 6-11 家庭资金获得能力与种植意愿

资金获得能力	愿意		不愿意		总计	
	频数	占比（%）	频数	占比（%）	频数	占比（%）
非常容易	319	28.46%	113	10.08%	432	38.54%
比较容易	219	19.54%	77	6.87%	296	26.41%
一般	160	14.27%	59	5.27%	219	19.54%
比较困难	76	6.78%	58	5.17%	134	11.95%
非常困难	32	2.85%	8	0.71%	40	3.56%
总计	806	71.90%	315	28.10%	1121	100.00%

数据来源：调研数据整理。

2. 生产特征与种植意愿

（1）亩均产量与种植意愿

由表 6-12 统计数据可知，研究区种植农户种植亩均产量主要在 1.5 千斤以下，总占比 81.72%，其中亩均产量为 0.5—1 千斤的占比 50.94%，因江西亩均产量大部分集中在 500—700 斤，所以这部分总体人数较多；其次亩均产量为 1—1.5 千斤的占比 19.90%；亩均产量为 0.5 千斤以下及 1.5—2 千斤的占比分别为 10.88%、12.84%，总体占比区别不大；亩产 2 千斤以上的占比最低，为 5.44%。

愿意持续种植的农户的意愿随种植亩均产量的增加，比重逐渐增加，0.5 千斤以下、0.5—1 千斤、1—1.5 千斤、1.5—2 千斤及 2 千斤以上占比分别为 50.82%、72.33%、75.34%、77.78% 及 83.61%，说明农业适度规模有利于可持续发展。由此可见，亩均产量是影响持续种植意愿的重要因素之一，且对意愿呈正向影响。

表 6-12　亩均产量与种植意愿

亩均产量	愿意		不愿意		总计	
	频数	占比（%）	频数	占比（%）	频数	占比（%）
0.5 千斤以下	62	5.53%	60	5.35%	122	10.88%
0.5—1 千斤	413	36.84%	158	14.10%	571	50.94%
1—1.5 千斤	168	14.99%	55	4.91%	223	19.90%
1.5—2 千斤	112	9.99%	32	2.85%	144	12.84%
2 千斤以上	51	4.55%	10	0.89%	61	5.44%
总计	806	71.90%	315	28.10%	1121	100.00%

数据来源：调研数据整理。

（2）亩均生产成本与种植意愿

由表 6-13 统计数据可知，研究区种植农户种植生产成本主要为 501—1000 元，总占比 45.13%。由于江西亩均成本主要为 800—1000 元，因此，此部分所占比重近一半。其次 500 元及以下及 1001—1500 元两个分组比重分布较为均匀，占比均在 18% 左右。经实地调研发现，研究区亩均生产成本由于种植品种不同，生产成本相差较大，而根据江西早稻亩均生产成本 1408 元，1500 元以上分组总人数为 200 多人，占比 18.2%，比重相对较小。

愿意持续种植的农户亩均生产成本在 2000 元以下四个分组分布逐层递减，随着成本的增加，农户种植意愿随之递减。

表 6-13　亩均生产成本与种植意愿

亩均生产成本	愿意		不愿意		总计	
	频数	占比（%）	频数	占比（%）	频数	占比（%）
500 元及以下	150	13.38%	56	5.00%	206	18.38%
501—1000 元	438	39.07%	68	6.06%	506	45.13%
1001—1500 元	132	11.78%	73	6.51%	205	18.29%
1501—2000 元	86	7.67%	78	6.96%	164	14.63%
2000 元以上	0	0.00%	40	3.57%	40	3.57%
总计	806	71.90%	315	28.10%	1121	100.00%

数据来源：调研数据整理。

（3）收入比重与种植意愿

由表6-14统计数据可知，研究区种植农户种植收入占家庭总收入大多为75%以下，总占比86.08%，其中种植收入比重为50%以下的占比69.93%，说明研究区大多数种植农户家庭在非劳动期会选择其他工作获得家庭收入，且该收入超过粮食作物种植收入。

愿意持续种植的农户家庭粮食种植收入主要为50%以下，总占比48.52%；不愿意持续种植的农户家庭粮食种植收入主要为25%以下，总占比11.24%。而粮食种植收入占75%以上的农户家庭种植意愿相对较高。这是由于此部分调研样本中涉及家庭种植大户，该群体为专业农户，种粮为家庭主要收入来源，种植意愿较为强烈。可见，农户家庭种植收入比重对持续种植意愿的影响具有不确定性，需要通过后期分析得出结论。

表6-14　收入比重与种植意愿

收入比重	愿意		不愿意		合计	
	频数	占比（%）	频数	占比（%）	频数	占比（%）
25%以下	120	10.70%	126	11.24%	246	21.94%
26%—50%	424	37.82%	114	10.17%	538	47.99%
51%—75%	138	12.31%	43	3.84%	181	16.15%
75%以上	124	11.07%	32	2.85%	156	13.92%
合计	806	71.90%	315	28.10%	1121	100.00%

数据来源：调研数据整理。

（4）种植方式与种植意愿

由表6-15统计数据可知，研究区种植农户种植方式多为人工种植，占比73.68%，设施种植的农户占比26.32%。

愿意持续种植的农户主要种植方式为人工种植，占比52.54%，其余为设施种植方式。这说明江西粮食作物主要采用人工种植的农户更愿意持续种植，因为研究区宜春与上饶两市具有以山地、丘陵为主的地形地貌特点，因此农户多为人工耕作，小型机械辅助。由此可见，种植方式是影响农户持续种植粮食作物意愿的因素之一，且对意愿呈正向影响。

表 6-15　种植方式与种植意愿

种植方式	愿意		不愿意		总计	
	频数	占比（%）	频数	占比（%）	频数	占比（%）
人工种植	589	52.54%	237	21.14%	826	73.68%
设施种植	217	19.36%	78	6.96%	295	26.32%
总计	806	71.90%	315	28.10%	1121	100.00%

数据来源：调研数据整理。

3. 市场特征与种植意愿

（1）销售渠道与种植意愿

由表 6-16 统计数据可知，研究区种植农户销售渠道最多的为政府收购，占比 38.98%；其次为企业收购及供给批发市场，占比分别为 26.76% 和 20.61%；选择自销的占 13.29%；最少为其他方式，仅占 0.36%。

愿意持续种植的农户粮食主要销售渠道为政府或企业收购，占比分别为 34.43%、19.36%；不愿意持续种植的农户粮食主要销售渠道为供给批发市场或自销，占比分别为 7.50%、8.65%，影响程度明显。由此可见，种植方式对持续种植意愿的影响具有不确定性，需要通过后期分析得出结论。

表 6-16　销售渠道与种植意愿

销售渠道	愿意		不愿意		合计	
	频数	占比（%）	频数	占比（%）	频数	占比（%）
政府收购	386	34.43%	51	4.55%	437	38.98%
企业收购	217	19.36%	83	7.40%	300	26.76%
供给批发市场	147	13.11%	84	7.50%	231	20.61%
自销	52	4.64%	97	8.65%	149	13.29%
其他	4	0.36%	0	0.00%	4	0.36%
合计	806	71.90%	315	28.10%	1121	100.00%

数据来源：调研数据整理。

（2）销售价格满意度与种植意愿

由表6-17统计数据可知，研究区种植农户对销售价格满意度总体表现为相对满意，其中，"满意"总占比37.91%，其中"非常满意"占比6.15%，"比较满意"占比31.76%；对销售价格"较不满意"占比18.47%，"很不满意"占比6.07%，总占比24.54%。

愿意持续种植的农户销售价格满意度为普遍接受，总占比75.47%，其中"非常满意"占比6.16%，"比较满意"占比31.76%，"一般"占比37.56%，影响程度明显。由此可见，销售价格满意度是影响持续种植意愿的重要因素之一，且对意愿呈正向影响。

表6-17　销售价格满意度与种植意愿

销售价格满意度	愿意		不愿意		合计	
	频数	占比（%）	频数	占比（%）	频数	占比（%）
非常满意	49	4.37%	20	1.78%	69	6.15%
比较满意	257	22.93%	99	8.83%	356	31.76%
一般	313	27.92%	108	9.63%	421	37.55%
较不满意	143	12.76%	64	5.71%	207	18.47%
很不满意	44	3.92%	24	2.15%	68	6.07%
合计	806	71.90%	315	28.10%	1121	100.00%

数据来源：调研数据整理。

（3）品牌意识与种植意愿

由表6-18统计数据可知，研究区种植农户对品牌意识主要为"比较了解"，占比56.91%，其次为"非常了解"占比23.28%，"不了解"占比最低，为19.81%，数据分布不均衡。

愿意持续种植的农户品牌意识"非常了解"和"比较了解"最高，共占比59.32%，其次为"不了解"，占比12.58%；不愿意持续种植粮食作物的农户品牌意识为"比较了解"最高，占比14.45%，其次为"非常了解"和"不了解"，共占比13.65%。由数据分析可知，农户品牌意识对持续种植意愿的影响具有不确定性，需要通过后期分析得出结论。

表 6-18　品牌意识与种植意愿

品牌意识	愿意		不愿意		合计	
	频数	占比（%）	频数	占比（%）	频数	占比（%）
非常了解	189	16.86%	72	6.42%	261	23.28%
比较了解	476	42.46%	162	14.45%	638	56.91%
不了解	141	12.58%	81	7.23%	222	19.81%
合计	806	71.90%	315	28.10%	1121	100.00%

数据来源：调研数据整理。

（4）市场信息了解情况与种植意愿

由表 6-19 统计数据可知，研究区种植农户对市场信息了解从"非常容易"到"非常困难"，占比依次为 33.9%、25.24%、16.24%、16.15%、8.47%，从趋势看呈现一定的递减规律。

愿意持续种植的农户对市场信息了解情况"非常容易"占比最高，为 22.66%，其次为"比较容易"，占比 19.98%，再者为"一般"，占比 11.78%，"比较困难"占比 11.15%，最少为"非常困难"，占比 6.33%，呈现明显的递减规律，说明农户对市场信息越了解，越愿意持续种植。由此可见，市场信息了解情况是影响持续种植意愿的重要因素之一，且对意愿呈正向影响。

表 6-19　市场信息了解情况与种植意愿

市场信息了解程度	愿意		不愿意		合计	
	频数	占比（%）	频数	占比（%）	频数	占比（%）
非常容易	254	22.66%	126	11.24%	380	33.90%
比较容易	224	19.98%	59	5.26%	283	25.24%
一般	132	11.78%	50	4.46%	182	16.24%
比较困难	125	11.15%	56	5.00%	181	16.15%
非常困难	71	6.33%	24	2.14%	95	8.47%
合计	806	71.90%	315	28.10%	1121	100.00%

数据来源：调研数据整理。

4.外部特征与种植意愿

（1）参加合作社与种植意愿

由表6-20统计数据可知，研究区种植农户参加专业合作社的户数相对较少，仅占比28.64%，未参加专业合作社的农户占比71.36%。

愿意持续种植的农户仅有少部分参加专业合作社，占比20.61%，而未参加合作社的农户占比较大，占比51.29%，表明参加合作社对农户持续种植意愿呈反向作用。这与国家实施农业专业合作社政策的初衷相悖，需继续深入调研，找出专业合作社存在的问题。

表6-20　参加合作社情况与种植意愿

参加合作社情况	愿意		不愿意		总计	
	频数	占比（%）	频数	占比（%）	频数	占比（%）
是	231	20.61%	90	8.03%	321	28.64%
否	575	51.29%	225	20.07%	800	71.36%
总计	806	71.90%	315	28.10%	1121	100.00%

数据来源：调研数据整理。

（2）参加农技培训与种植意愿

由表6-21统计数据可知，研究区种植农户参加过粮食种植技术培训的农户占比较大，为53.43%。这说明政府相关部门对农业政策支持程度较高，结合表6-5年龄19—30岁农户持续种植意愿分析，可能由于部分年龄较小农户在种植中处于兼业状态，因学业、其他本职工作原因未能参加种植技术培训。

愿意持续种植的农户多数参加过种植技术培训，占比为39.16%；不愿意持续种植的农户参与培训与否相差不大，人数仅差距15人。由此可见，农户参加种植技术培训情况是影响持续种植意愿的重要因素之一，且对意愿呈正向影响。

表 6-21　参加农技培训情况与种植意愿

参加农技培训情况	愿意		不愿意		总计	
	频数	占比（%）	频数	占比（%）	频数	占比（%）
是	439	39.16%	160	14.27%	599	53.43%
否	367	32.74%	155	13.83%	522	46.57%
总计	806	71.90%	315	28.10%	1121	100.00%

数据来源：调研数据整理。

（3）国家政策与种植意愿

根据表 6-22 数据显示，"经常关注"国家农业政策的种植户有 249 户，其中愿意持续种植的占 61.04%，不愿意持续粮食生产的占 38.96%；对国家政策"关注较少"的有 755 户，愿意持续进行粮食生产的占 74.7%，不愿意持续进行粮食生产的占 25.3%；不关注国家农业政策的农户有 117 户，愿意扩大粮食生产的规模户占 76.92%，不愿意扩大粮食生产的占 23.08%。这表明是否关注国家农业政策对农户持续种植意愿影响比较大。

表 6-22　政策关注度与种植意愿

政策关注度	愿意		不愿意		总计	
	频数	占比（%）	频数	占比（%）	频数	占比（%）
经常关注	152	13.56%	97	8.65%	249	22.21%
关注较少	564	50.31%	191	17.04%	755	67.35%
不了解	90	8.03%	27	2.41%	117	10.44%
总计	806	71.90%	315	28.10%	1121	100.00%

数据来源：调研数据整理。

（4）改种新型品种情况与种植意愿

由表 6-23 统计数据可知，研究区种植农户意向改种新型品种的农户占大多数，占比 43%。这说明近年来江西省先后引进如中洪优早 1 号、早籼 902 及化感 2205 等优质早稻品种，收益明显。2018 年以来，江西省共安排 7.27 亿元专项资金，创建稻米区域公用品牌，引领全省优质稻米产业发展。截至 2021 年底，每个稻米品牌均选择了 1—5 个优质稻新品种作为品牌支撑品种，既提高了水稻种植效益，又提升了稻米产业竞争力。此外，种植优质稻品种，每亩可为农户增收 300 元左右。

愿意持续种植的农户多数意向改种新型品种，占比达 30.24%；不愿意持续种植粮食作物的农户仍多数意向改种新型品种，占比 12.76%。这可能是由于部分农户意识到市场需求有限，过多的供给并不能获得高额收益，甚至出现供过于求，致使农户收益受损。由此可见，意向改种新型品种情况对农户持续种植意愿有一定的正向影响，但影响效果并不明显。

表 6-23 改种新品种情况与种植意愿

改种新品种情况	愿意		不愿意		总计	
	频数	占比（%）	频数	占比（%）	频数	占比（%）
是	339	30.24%	143	12.76%	482	43.00%
否	237	21.14%	111	9.90%	348	31.04%
不了解	230	20.52%	61	5.44%	291	25.96%
总计	806	71.90%	315	28.10%	1121	100.00%

数据来源：调研数据整理。

第三节　农户种植行为影响因素实证分析

上一节运用统计数据和调研数据对研究区种植农户的持续种植意愿以及影响因素进行了简单描述统计分析，为了解影响农户持续种植意愿的各个因素的影响强度和影响方向，本节将以简单描述统计作为基础，使用逻辑回归模型进一步分析，从而识别出影响农户持续种植意愿的关键因素，并根据关键影响因素提出相应的建议对策。

一、模型建立

本章研究种植主体持续种植意愿情况，模型中的因变量为粮食持续种植意愿的选择行为，分为愿意和不愿意。运用农户选择模型，通过离散型二元选择模型——Logistic 概率模型进行实证研究分析，Logistic 概率模型一般采用的是累计概率函数，是研究被解释变量 y 与多个因素之间相关性的模型。

$$P_i = F\left(\alpha + \sum_{i=1}^{n}\beta_i X_i\right) = 1 / \left(1 + \exp\left[-\left(\alpha + \sum_{i=1}^{n}\beta_i X_i\right)\right]\right) \quad （6.1）$$

式（6.1）中 F 为逻辑分布函数，符合 $F \sim e^x / (1 + e^x)$，其中 i 是各农户的排序，P_i 为农户 i 选择持续种植的概率，n 为影响概率的因素个数，X_i 是影响农户持续种植意愿的第 i 个因素，β 为估计参数。对（6.1）进行整理，则有：

$$I_n\left(\frac{p(y=1\,|\,X,\beta)}{1-p(y=1\,|\,X,\beta)}\right) = \beta_0 + \beta_1^* + \beta_2^* + ... + \beta_{20}^* x_{20} + \varepsilon \quad （6.2）$$

设 y^* 为 y 的连续潜变量且不可观测，则有：

$$y^* = I_n\left[\frac{p(y=1\,|\,X,\beta)}{1-p(y=1\,|\,X,\beta)}\right] \quad （6.3）$$

建立影响种植户持续种植意愿因素的 Logistic 模型：

$$y^* = \beta_0 + \beta_1^* x_1 + \beta_2^* x_2 + ... + \beta_{20}^* x_{20} + \varepsilon \quad （6.4）$$

由式（6.2）可知

$$\frac{p(y=1\,|\,X,\beta)}{1-p(y=1\,|\,X,\beta)} = e^{y^*} \quad （6.5）$$

e^{y^*} 是种植主体选择持续种植概率与放弃持续种植概率之比（6.4），通过对式（6.2）进行 x 的求导，得出：

$$\beta_i = \frac{dIn\dfrac{p_i}{1-p_i}}{dx_i}$$　　　　　（6.6）

其中，偏回归系数 β_i（I=1,2,…m）表示自变量 X_i 每变化一个单位，农户的持续种植意愿与放弃持续种植意愿的概率比的自然对数值的变化量。$\exp(\beta_i)$ 为发生比率，当概率小于 0.1 时，发生比率值的大小和发生概率之比是非常接近的，可以近似地认为自变量 X_i 每变化一个单位，农户持续种植是变化相应比值的倍数。

二、变量选取及说明

（一）变量选取

根据经济学基本原理可知，影响农户种植行为的因素一般包括家庭特征、生产特征、市场竞争和社会环境情况。

其中，家庭特征包括农户年龄、受教育年限、家庭收入、劳动力情况等相关因素。种植行为主要由户主决定，种植主体年龄越大，对新事物的接受能力越低，在生产经营中越保守，不会倾向于扩大经营规模；种植主体的受教育年限越久，越愿意去改变种植方式，扩大种植规模；同时，家庭收入较高，将会有充足资金购买农业机械和加大生产资料投入，有利于种植行为的变化；家庭劳动力中务农人数较多，有充裕的劳动力进行农业耕作，从而扩大耕地规模。

生产特征中主要有粮食亩均产量、兼业行为和种植方式等会影响种植主体的种植行为。市场竞争方面，对市场上农产品信息的了解程度、营销渠道等销售特征不仅会影响种植主体当年的种植行为，还会影响其来年的种植意愿。

另外，是否加入合作社、是否参加农技培训等社会环境因素也会影响种植主体的生产决策，农户的生产决策行为同样受农业政策的影响。

　　本章将影响种植农户持续种植意愿的因素划分为农户家庭特征、生产经营特征、市场销售特征及外部特征四组因素，共设置 20 个自变量，并对各自变量的预期影响进行预期。其中"+"表示正向影响，"-"表示负向影响，如表 6-24 所示。

表 6-24　变量说明

变量类型	变量名称	变量含义	赋值及定义	预期相关关系
因变量	Y	种植意愿	0= 不愿意；1= 愿意	
家庭特征	X_1	性别	男 =1；女 =0	+
	X_2	年龄	18 岁及以下 =1；19—30 岁 =2；31—50 岁 =3；51—60 岁 =4；60 岁以上 =5	-
	X_3	受教育程度	小学 =1；初中 =2；高中 / 中专 / 技校 =3；大学专科 / 本科及以上 =4	-
	X_4	种植年限	1—5 年 =1；6—10 年 =2；11—15 年 =3；16—20 年 =4；20 年以上 =5	不确定
	X_5	非农工作经验	是 =1；否 =0	-
	X_6	家庭从事种植人口	1 人 =1；2 人 =2；3 人 =3；4 人及以上 =4	不确定
	X_7	种植面积	2 亩以下 =1；2—4 亩 =2；4—6 亩 =3；6—8 亩 =4；8 亩以上 =5	不确定
	X_8	资金获得能力	非常容易 =1；比较容易 =2；一般 =3；比较困难 =4；非常困难 =5	+
生产特征	X_9	亩均产量	0.5 千斤以下 =1；0.5—1 千斤 =2；1—1.5 千斤 =3；1.5—2 千斤 =4；2 千斤以上 =5	+
	X_{10}	亩均生产成本	500 元及以下 =1；501—1000 元 =2；1001—1500 元 =3；1501—2000 元 =4；2000 元以上 =5	+
	X_{11}	粮食种植收入比重	25% 以下 =1；26%—50%=2；51%—75%=3；75% 以上 =4	不确定
	X_{12}	种植方式	人工种植 =1；设施种植 =0	-

（续表）

变量类型	变量名称	变量含义	赋值及定义	预期相关关系
市场特征	X_{13}	销售渠道	合作社收购 =1；企业收购 =2；供给批发市场 =3；自销 =4	+
	X_{14}	销售价格满意度	非常满意 =1；比较满意 =2；一般 =3；较不满意 =4；很不满意 =5	+
	X_{15}	品牌意识	非常了解 =1；比较了解 =2；不了解 =3	不确定
	X_{16}	市场信息了解情况	非常容易 =1；比较容易 =2；一般 =3；比较困难 =4；非常困难 =5	+
外部特征	X_{17}	参加农民专业合作社	是 =1；否 =0	−
	X_{18}	参加种植技术培训	是 =1；否 =0	+
	X_{19}	政策关注度	经常关注 =1；关注较少 =2；不了解 =3	+
	X_{20}	改种新品种	是 =1；否 =2；不了解 =3	不确定

（二）被解释变量

种植户是否愿意持续种植是本章的被解释变量，即 Y=1 表示种植农户愿意持续种植，Y=0 表示种植农户不愿意持续种植。

（三）解释变量

1. 农户家庭特征

主要以粮食种植农户的 X_1 性别、X_2 年龄、X_3 受教育程度、X_4 种植年限、X_5 非农工作经验、X_6 家庭从事种植人口、X_7 种植面积、X_8 资金获得能力进行衡量。

2. 生产特征

主要以种植农户的 X_9 亩均产量、X_{10} 亩均生产成本、X_{11} 粮食作物种植收入比重、X_{12} 种植方式进行衡量。

3. 市场特征

主要以 X_{13} 销售渠道、X_{14} 销售价格满意度、X_{15} 品牌意识、X_{16} 市场信息了解情况进行衡量。

4. 外部特征

主要以 X_{17} 参加农民专业合作社情况、X_{18} 参加过种植技术培训情况、X_{19} 政策关注度、X_{20} 意向改种新品种情况进行衡量。

三、模型结果与分析

(一)模型回归结果

本研究采用SPSS24.0软件,将调研问卷数据导入,选定模型,设定研究的因变量和20个自变量,对数据进行二元 Logistic 回归分析,对20个自变量进行总体分析,结果如表6-25。

表6-25 模型估计结果

变量名称	回归系数 B	标准误差	瓦尔德(Wald)	Z 值	显著性水平
X_1	−0.042	0.157	0.074	−0.271	0.786
X_2	−0.170**	0.073	5.442	−2.333	0.020
X_3	−0.330***	0.085	15.094	−3.885	0.000
X_4	−0.079	0.074	1.129	−1.063	0.288
X_5	0.180	0.148	1.490	1.221	0.222
X_6	0.122	0.081	2.250	1.500	0.134
X_7	−0.221***	0.066	11.374	−3.373	0.001
X_8	0.267***	0.089	8.919	2.986	0.003
X_9	0.151**	0.074	4.195	2.048	0.041
X_{10}	0.092	0.063	2.093	1.447	0.148
X_{11}	−0.071	0.074	0.936	−0.967	0.333
X_{12}	−0.162	0.173	0.868	−0.932	0.351
X_{13}	0.288***	0.090	10.327	3.214	0.001

（续表）

变量名称	回归系数 B	标准误差	瓦尔德（Wald）	Z 值	显著性水平
X_{14}	−0.036	0.073	0.247	−0.497	0.619
X_{15}	−0.136	0.136	1.012	−1.006	0.315
X_{16}	−0.048	0.067	0.510	−0.714	0.475
X_{17}	−0.409**	0.198	4.266	−2.065	0.039
X_{18}	0.239**	0.093	6.662	2.581	0.010
X_{19}	0.493***	0.130	14.500	3.808	0.000
X_{20}	−0.038	0.156	0.058	−0.241	0.809
截距	1.147	0.669	2.942	1.715	0.086

有效观察值 =1121

显著性水平 =0.0000

注释：*、**、*** 分别表示在10%、5%、1% 的水平上统计显著。

（二）模型结果检验

霍斯默－莱梅肖检验结果 P 值为 0.689，大于 0.05；巴特利特球形度检验 sig 值为 0.000，接受原假设，表明本次建立的模型和真实数据拟合度状况良好。如表 6-26 所示。

表 6-26 KMO 和巴特利特检验

霍斯默－莱梅肖检验	显著性	0.689
巴特利特球形度检验	近似卡方	3301.928
	df	190
	Sig	0.000

（三）回归结果分析

通过统计软件 SPSS 对模型进行二元 Logistic 回归得到回归结果，如表 6-25 所示，模型有效观测数 1121 个，显著性水平为 0，通过 Sig 值判断各因变量的显著性，通过回归系数 B 值判定各因素的影响方向。根据模型回归结果可知，20 个变量中，共有 9 个自变量通过显著性检验，即这 9 个因素对农户持续种植意愿构成显著影响，分别是年龄、受教育程度、种植面积、资金获得能力、亩均产量、销售渠道、是否参加合作社、技术培训及政策关注度。具体分析如下。

影响显著变量：

1. 农户家庭特征

（1）农户个体年龄（X_2）通过了 5% 的显著性检验，对持续种植意愿呈较强的反向影响，与预期方向相同，即种植农户年龄越大，持续种植意愿越低。结合表 6-4 样本农户性别情况可知，研究区种植农户以男性为主，随着年龄的增大、长期高强度的农业劳动，农户体力、精力逐渐减弱，难以继续维持高强度的农业劳动；女性种植户则因到达一定年龄后需要照顾孙辈，难以长时间从事粮食种植工作，故而持续种植意愿较低。相反，年龄越小的种植户，越有充实的精力和较强的体力，因此持续种植的意愿更强一些。

（2）农户受教育程度（X_3）通过了 1% 的显著性检验，对持续种植意愿呈极强的反向影响，与预期方向相同，即种植农户受教育程度越高，持续种植意愿越低。原因是农户个体受教育程度越高，学习能力普遍越强，对新事物的接受能力越强，越偏向选择外出从事非农工作，持续种植的意愿更弱一些。

（3）种植面积（X_7）通过了 1% 的显著性检验，对持续种植意愿产生极强的反向影响，即农户种植面积越大，持续种植意愿越低。原因是研究区粮食作物水稻的种植仍以人工为主，种植面积多为 15 亩以下，结合表 6-9 样本农户家庭从事种植人口情况，农户家庭从事粮食作物种植的人口普遍为 1—2 人，当种植面积增加到一定程度后，农户家庭难以兼顾所有土地种植，造成产量下降、边际效益较低，所以农户家庭所有种植土地达到一定程度后，持续种植意愿下降，会将一部分土地承包给其他个体。而且经济学中的规模经济效益表明种植规模并不是越大越好，我国现代农业生产中也提倡适度经营，国家政策对小规模经营户的扶持力度更大；而大规模经营户由于生产规模的扩大，其成本投入更高，所面临的风险也更大，因此大部分农户选择适度规模生产，以保证生产利益稳定。

（4）资金获得能力（X_8）通过了1%的显著性检验，对持续种植意愿产生极强的正向影响，与预期方向相同，即农户种植资金获得越容易，持续种植意愿越高。结合表6-13样本农户亩均生产成本情况可知，农户种植生产投入（即每年生产需要购买种子、化肥、农药、人工费用等生产成本）亩均6千元以下，农业资金获得越容易，种植农户持续种植意愿越高。

2. 生产特征

亩均产量（X_9）通过了5%的显著性检验，对持续种植意愿产生较强的正向影响，与预期方向相同，即农户种植亩均产量越高，持续种植意愿越高。原因是产量越高，农户对下一年继续种植的意愿更强。但根据表6-11样本农户资金获得能力情况可知，当亩均产量达到1.5千斤以上时，相应农户的时间投入、生产投入、人力投入相对更多，反而意愿会相对下降。因此当亩均产量未达到一定临界值时，农户种植意愿会随着亩均产量的提高而提高；但当亩均产量超过一定临界值时，农户的持续种植意愿会相对下降。

3. 市场特征

销售渠道（X_{13}）通过了1%的显著性检验，对持续种植意愿产生极强的正向影响，与预期方向相同，即农户销售越容易，持续种植意愿越高。原因是种植户一年种植两季稻或三季稻，因种植与收粮间隔时间不长、粮食产多不易存储等特性，农户往往通过能够快速销售的渠道进行销售。所以农户销售渠道越容易，持续种植意愿越高。

4. 外部特征

参加专业合作社情况（X_{17}）通过了5%的显著性检验，对持续种植意愿产生较强的反向影响，与预期方向相同。合作社的经营主体在粮食生产中有优惠活动，会帮助农户选择优质种苗和提供种植服务。但可能由于江西农户多采取以家庭为单位的种植方式，且耕地分散分布，专业合作社未给农户个体带来便利及收益，农户更愿意继续运行以家庭为单位的种植模式。因此，在研究区参加专业合作社对农户持续种植意愿呈反向影响。

参加种植技术培训情况（X_{18}）通过了5%的显著性检验，对持续种植意愿产生较强的正向影响，与预期方向相同，即参加过种植技术培训的农户，持续种植意愿更强。原因是积极参加种植技术培训，能一定程度上有效选择品质优良种苗、增加粮食产量、提高农户收益，相对于未参加种植培训的农户，参加过培训的农户更愿意持续种植。

政策关注度（X_{19}）通过了1%的显著性检验，对持续种植意愿产生极强的正向影响，与预期方向相同，即经常关注国家政策的农户，持续种植意愿更强。对于国家农业政策和粮食方面的政策了解情况来说，关注程度越高，越期望"扩大"，其持续种植意愿更强，且通过网络、电视方式来获取政策信息的经营户其种植意愿更强，即信息获取能力越强，粮食的持续种植意愿越强。

影响不显著变量：

性别（X_1）、种植年限（X_4）、非农工作经验（X_5）、家庭从事种植人口（X_6）、亩均生产成本（X_{10}）、粮食种植收入比重（X_{11}）、种植方式（X_{12}）、销售价格满意度（X_{14}）、品牌意识（X_{15}）、市场信息了解情况（X_{16}）、意向改种新型品种情况（X_{20}）等11个自变量未通过显著性检验，对农户持续种植意愿影响不显著。

（四）主要结论

本章通过对江西省宜春市与上饶市选取的3个县级市及2个县的1200

户农户实地调查，收集到相关所需数据后，运用 SPSS24.0 软件对调查数据进行处理分析整合，针对种植主体的持续种植意愿及影响因素进行了二元 Logistic 回归分析，得到如下研究结果：

结论一：研究区样本农户的农业种植意愿总体较为强烈。调查地区大部分的农户愿意持续种植，但也有超四分之一的农户考虑到年龄、成本、市场销售、产量等因素影响不愿意再持续种植，选择改种其他收益较高的农作物，甚至选择收入较高的其他产业。

结论二：在有显著性影响的 9 个自变量中，农户受教育程度、种植面积、资金获得能力、农产品销售渠道及政策关注度通过了 1% 的显著性检验，是影响农户种植意愿的重要因素。农户资金获得能力、农户家庭亩均产量、销售渠道、参加种植培训情况和对政策的关注度对农户持续种植意愿呈正向显著影响；农户个体年龄、受教育程度、农户家庭种植面积及参加专业合作社情况对农户持续种植意愿呈负向显著影响。

结论三：农户资金获得能力对农户持续种植意愿呈较强的正向显著影响。这是由于粮食作物生产环节投入较大，生产投入资金获得越容易，持续种植意愿越高。农户销售渠道对农户持续种植意愿呈极强的正向显著影响，意味着农户在销售过程中越容易销售农产品，持续种植意愿越高。农户家庭亩均产量对农户持续种植意愿呈极强的正向显著影响，意味着农作物亩均产量越高，农户在销售过程中可获得的收益越高，持续种植意愿越强。参加种植技术培训情况对农户持续种植意愿呈较强的正向显著影响，这是由于参加农产品种植培训技术的农户相较未参加的农户，在生产投入、病虫害防治、种植效率等方面均有优势，持续种植意愿更强。对政策的关注情况对农户持续种植意愿呈极强的正向显著影响，意味着农户在生产、销售等过程中对政策的变动信息越了解，持续种植意愿越高。

第七章
新供给战略背景下江西绿色农业发展路径

    加强绿色农产品市场建设，是新供给战略背景下提高农业发展质量、效益、竞争力的必由之路。江西农业生产正从追求产量增长向质量提升转变，当前绿色农业发展存在发展方式粗放与产业链延伸不充分并存、城乡要素交换不平等、农业市场不够完善、产业融合发展水平有待提升等问题，对农业高质量发展和竞争力的提升形成制约。在新供给战略对农业产业发展模式提出更高要求的背景下，需要从农业产业结构调整、要素改革、市场化推进、产业融合发展等方面进行调整，优化绿色农业发展路径。

第一节　加快农业产业结构调整

    基于农产品难买、难卖的现状和农民收入增长缓慢的事实，农业产业结构必须要进行新一轮的调整。目前，江西粮食产量稳步上升，农业产业相对稳定，传统种植养殖业得到发展壮大，但距离农业强省仍然有较大的差距。需要借鉴先进经验，根据实际情况因地制宜，充分尊重农民意愿，围绕"打造全国知名绿色有机农产品供应基地"的总体部署，优化生产布局、强化配套设施、加强组织管理、提高农产品供应水平，有效加快全省农业产业结构调整步伐。

一、完善农业配套设施

制定农业配套设施相关政策，探索建设集中育苗、灌溉、施肥、粮食烘干、农机作业、仓储物流等基础设施，明确对各类服务组织开展托管服务所需要的基础设施，提供适合的补贴支持。加快出台水稻生产托管服务地方标准。研究制定省级柑橘种植社会化服务标准和技术规范。建立财政稳定投入增长机制，优化财政资金补助政策和供给结构，充分发挥财政资金引导作用。创新金融产品，优化金融服务，探索担保方式，开展金融对接活动，切实解决"贷款难、贷款贵"等问题。扩大农业政策性保险范围，发展互助性、商业性农业保险，探索将蔬菜、水果等农产品纳入保险范围，提升风险保障水平。

立足农业农村新形势、新发展，加大对农业重要领域、重点产业和关键环节的投入，尤其要加大对粮食和"菜篮子"生产等基础设施建设、农业经营主体培育、农业科技创新推广、基层农业公共服务中心建设等方面的支持力度。充分完善技术标准，抓紧研究制定新建及改造提升的整体方案，支持服务组织围绕大豆、油菜等油料作物扩种的整地播种、施肥打药、收割收获等关键环节提供全托管或半托管等社会化服务。提高坡耕地机械化作业水平，加快研发、推广适宜坡耕地作业的农机具，在生态优先、保护环境的前提下，因地制宜、系统谋划坡耕地建设。

协调加强水利设施配套。加强农田水利建设，进一步提高农田抗洪防险的能力。加快推进灌溉区配套设施的建造，推动中小型农田水利设施提质达标，建造一批节水灌溉的重大工程。综合考虑不同技术模式的地域性和适宜性，农艺、生态、工程等措施多管齐下，不断提升耕地地力等级。

二、优化产业布局

调整与改善农业产业结构，实现农业产业结构的优化与升级，对于提升农业经济的发展水平具有重要影响。由于社会经济的飞速发展，正在形成以买方为主的市场态势。想要进一步提升农产品质量和农业经济发展水平，需要持续突出农业特色优势、强化农业产业结构的整体配置、持续推进农业产业化经营。

（一）突出优势特色

转变"撒胡椒面"的项目扶持方式，明确每个设区市的主导产业（大市不超过 4 个、小市不超过 3 个），避免市、县产业上下雷同、同质化发展；围绕特色、优势农产品布局，集中资源、集中力量打造一批高质量的绿色有机农产品生产示范基地。突出集群集聚。重点围绕粮食生产功能区、重要农产品保护区、特色农产品优势区、高标准农田集中连片区、现代农业产业园、田园综合体、公路铁路沿线"四区一园一体一沿线"七个重点区域，部署九大农业产业生产基地布局，建设一批规模大、质量高、功能全、效益好的核心示范区和产业带，提高产业集聚度。突出区域联动。探索产业特色相近县域间联动协调发展机制，谋划实施一批高质量、引领性产业项目，打造一批共建产业园区，培育一批生产示范基地，带动县域间资源整合、要素流动、产业合作，激发区域联动发展动力活力。

（二）强化农业产业结构的整体配置

全省农业产业结构进行调整的过程中，应该遵循"科学指引、因地制宜"，通过强化农业产业结构的整体配置来增加农民的收入。因此，需要加快转变农业发展范式，通过对市场进行信息化监测，生产出适应消费端的农产品直接对接市场，打造新型的农业供应链与价值链。同时，积极突破农产品生产的"卡脖子"技术、扩大粮食播种面积以保证绿色农业生产能够实现可持续发展。在强化生态循环农业发展的同时，需要降低因农药和化肥的不当使用而造成土地污染，避免因农业生产使环境受到污染。同时，还应该提升农业资源的利用率，采用多种方法引导农民增产增收。

（三）持续推进农业产业化经营

持续推进农业产业化经营是未来农业经济发展的主要势趋。因此，全省应该打造、育强一批农业产业为"龙头"企业，延伸产业链条、强化产品流通，加大盘活农业存量资产的力度，激励优势农业企业扩大生产规模、提升产品质量和水平。此外，通过开展多层次、多形式的农业招商引资活动，吸引更多的社会资金流入农业经济体系中，出台农业相关优惠政策，使多种资源融入农业产业化领域，扩大经营规模，提高农产品附加值与相关资源的综合利用率。

三、提高农产品供应水平

通过对绿色食品、有机农产品认证和农产品地理标识进行登记，强化绿色农产品标准化基地建设，积极推广以生态农业、循环农业、有机农业等为代表的绿色农业生产方式和发展模式，实现投入品减量化、生产清洁化、废弃物资源化、产业模式生态化。

强化农产品质量。示范推广病虫害绿色防控，大力推广绿色农业生产技术，加大农业技术培训力度，强化安全管理。探索以合格证管理为核心、质量安全大数据平台为基础、常态化专项检查为补充的新监管模式，大力推进"三品一标"品牌认定。积极推进农产品规模化、标准化、绿色化生产，增加优质绿色农产品供给，严格监管农产品智联安全。引导农产品加工相关企业，与新型农业经营主体、农户等通过直接投入资金、参股经营、签订长期合同等方式，建设一批标准化、规模化、绿色化的农产品加工原料生产基地。扩大蔬菜产业发展规模，提高其质量和效益，努力打造蔬菜产业集群，加快推动江西成为粤港澳大湾区、长三角等地区的蔬菜供应基地。

第二节　深化农业生产要素改革

要深化农村改革，加快推进重点领域和关节环节改革，激发农村各生产要素的活力，推动绿色农业不断取得新的突破。

一、激发劳动力要素

人才是乡村振兴和发展的重要因素，农民作为农业生产的主力军，是农业生产发展的核心要素，农业供给侧结构性改革的主要目标是增加农民收入，供给侧结构性改革进展能否顺利达到预期目标，关键就在于能否充分调动农民在农业生产上的主动性和积极性，发挥农民的主体作用。

（一）完善农村地区公共服务体系

城乡间教育水平、社会保障、基础设施建设等的差距是造成农业地区高素质劳动力与青年劳动力流失的重要原因，只有把维护农民群众的利益、促进农民共同富裕作为乡村振兴的出发点和落脚点，才能够吸引高素质劳动力回乡从事生产。在农村公共服务上加大投入，推进教育资源、社会保障、基础设施等资源向农村倾斜。在教育方面，普及农村地区高中教育、提高教育质量和水平的同时，也要加强农业生产和技术的培训，逐步提高乡村科学技术的生产水平。社会保障方面，建立城乡一体的医疗、失业和养老保险体系，使现代农民实现病有所治、老有所养，安心进行农业生产而无后顾之忧。

（二）打通城乡人口自由双向流动渠道

采取鼓励激励政策，引导一批有志于投身乡村振兴事业的城市人才资源向农业农村领域转移，并引导其承载的科技、资本与信息等资源要素流向农业农村领域，带动生产经营要素向农村集聚；让下乡的群体参与到乡村管理、治理中去，充分发挥自身价值，实现人才资源的优化配置；通过政策保障入乡就业或创业人员能够根据意愿在就业创业地或原籍地落户。同时，做好人才从乡村到城市的后续保障工作，大力推进公共服务均等化，促进农业人口融入社会、进入企业，家庭融入社区、子女就学。推动土地抵押、入股、自由交易，让农民把农村土地作为个人财产，作为自己生产生活的资本金。完善农村资源和资产权利有偿退出渠道，让农业人口能够"带资进城"。

（三）提高农村地区人口的教育和技能水平

加强农业农村现代化，提高农业发展水平，不仅需要将从事农业生产的劳动力留住，更要提高农村地区劳动力的种植知识和技能。因此，需要对其进行职业技能培训，增强知识和技能的储备，培育、塑造具有现代知识水平和生产技能的劳动力，让农民持续学习和充电。同时，鼓励高层次技术人才将农业现代科技、生产和经营方式引入农村，推动建立"教—产—学—研"一体的农业现代产业园，帮助农民掌握先进的技能，带动现代化农业和农业领域新产业、新业态的发展。

建立健全新型职业农民培训体系，加强培育现代化农业人才，引领农业转型发展。将具有农业理论知识或实践技能的院校教师、科研专家和创业导师、农业企业负责人、农业技术人员等纳入师资队伍，为农民搭建教育培训的桥梁，用优质教育资源培育人才。从政策、资金扶持等方面给予更多支持，拓展培养渠道、创新培养方式、完善培养机制，让农民在对接发展需求时真正学到知识、提升能力。此外，还可以通过以点带面的形式提升技能培训的效果，如农业大户、乡村科技人才等作为骨干力量发挥"领头羊"效应，传授经验，带动周边农民共同提升素质与能力，促进农民更好更快地适应新时代农业发展要求，形成合力推动农业发展。

二、盘活农村闲置要素

突出"清单化"管理，探索建立集体经营性建设用地入市流转政策支撑机制，围绕如何形成集体建设用地流转工作合力，聚焦农村闲置宅基地现状，构建乡村建设要素保障体系，探索推进集体经营性建设用地的开发利用路径。

（一）推动农村集体建设用地跨区域流动

按照循序渐进的方式，逐步引导城乡建设用地增减挂钩向省范围拓展。对于低价增值的土地交易提取增值税，用于农业人口在城市落户的社会保障和公共服务。合理推动工商资本下乡。工商资本联通城乡之后，对城乡资源要素配置的转换、促进乡村经济更加活跃等具有积极推动作用。在遵守法律底线的前提下，要降低工商资本准入门槛。

（二）强化农村产权保护

抓好农村土地产权权益保护和农村信用体系建设。在实施农村土地产权保护方面，既需要依照体制机制，大力发展农村集体产权制度改革，又要落实对土地经营者的保障措施。考虑到土地出让期限、租金交付时间、出让价格等因素都会影响土地经营权的界定，经营者可能会因土地出让期限过长，造成投资、抵押贷款等需求得不到满足。确定土地经营权转让的期限尤为重要，因此，相关法律法规需要对土地使用权转让的期限做出明确的规定。此外，由于土地经营权与其他经营权的差异，法律制度需要进一步对土地经营权用益物权的性质进行确定，对土地经营权用益物权与其他用益物权进行区别界定。

（三）促进资本要素流动

金融是农业现代化发展的重要支撑，激活农业"沉睡资产"，关键是要强化农业资金保障体系。现阶段，农业资金不足是限制农业发展的较大障碍，财政支持不足、金融服务供给不足、社会资本入乡等存在障碍，因此，需要深化财政体制机制改革，撬动金融和社会资金有序流入农业产业，鼓励创新金融服务模式，增强农业发展领域的金融供给能力。

推动财政资金向农村发展倾斜。加强支农资金投入，积极引导金融资本、社会资本等投入到农业产业发展当中。深化财政体制机制改革，发挥财政资金的导向作用，引导金融机构创新多种金融产品为农村提供服务，建立工商资本入乡的约束和激励机制，完善农村金融服务体系建设，探索工商资本与村集体的合作共赢模式，建立工商资本租赁农地的监管和风险防范机制，确保农村集体产权和农民合法利益不受到侵害。用规范的制度建设保障和提升下乡资本投资收益，吸引社会资本有序流入乡村。

撬动金融服务和社会资金投入农业农村。推进"两权"抵押贷款试点，开展以大型农机具、运输工具、水域滩涂养殖权等为抵（质）押物的融资试点，扩大林权抵押贷款品种和规模。健全具有更高适应性、竞争力和普惠性的现代金融体系，拓宽农业农村的直接融资渠道；以政府投资撬动社会资本，按照市场化、法治化原则共同组建产业引导基金，为各类技术知识成果转化和创业创新提供金融支持。要发挥好金融的作用，畅通农村金融服务"主动脉"，丰富完善金融服务"毛细血管"。支持保险机构因地制宜探索适合当地的农业生产托管保险产品，提升对服务组织和小农户的风险保障能力，帮助小农户更好地融入现代农业发展轨道。

三、推动农业技术要素协同创新

发展现代农业的根本出路在于科技创新，农业科技成果转化为生产力，必须依靠科技支撑和创新驱动，整合科技资源，加强农业技术研发与集成，对农业生产发展关联度高和带动性强的多项农业技术进行联合攻关，实现农业生产的高产、高效、优质和生态安全。

（一）加强种业创新与利用

推动农业种质资源登记交流共享、开发利用。依托省级农作物种质资源库，组建现代种业科技创新联盟，提升农业种质资源的保护能力。

依托高等学校、科研院所、农业龙头创新企业等，抓准种业关键核心技术、高质高效绿色发展的技术瓶颈、产品装备和工程技术，尤其是加强底盘性、原创性、基础性课题研究。实施现代种业提升工程，强基补短扬优势，加快构建现代种业体系。深入开展农业种质资源普查、系统调查与抢救性收集，加快查清农业种质资源家底，加快种业绿色技术装备从散装到组装再到整装的跨越。

组织种业绿色技术创新攻关。把更多绿色基因注入种子生命体中，加快推进绿色性状突出、具有重大应用价值和自主知识产权的新品种培育。加强宣传培训，提高相关主体对农业绿色技术标准化的认识。

（二）提高农业生产技术

科技创新是引领农业发展的第一动力，必须牢牢把握农业科技创新大方向，抢抓科学技术创新的制高点，依靠科技改革创新发展农业。以农业科技创新延长农业产业链条，提高农业科技创新能力和效率。通过体制机制创新，整合各类农业科技力量，协同创新联盟，推动科研成果转化。加大实施种业自主创新重大工程和主要农作物良种联合攻关力度，加快适宜机械化生产、优质高产的新品种选育。对于农业生产过程中遇到的关键性技术问题，充分发挥科研院所的作用，牵桥搭线、组织各种科研力量，通过组织科研院所、设立科研小组，与高校和农业企业等共同攻克难关。通过科技改革创新引领农业绿色发展，集中精力发展农业生态修复技术，重点解决"卡脖子"问题。

（三）增强农业研发装备与应用能力

推进农业机械化全面发展。加强农机装备薄弱环节的开发与研究，加强大中型、智能化、复合型农业机械化的研发应用；推进农机机械装备转型升级，联合设备制造企业、科研机构等攻克设备难关；加快研发农林机械，推广其在丘陵山区等地区养殖业、种植业中的应用，提升农业机械化水平。加快耕、种、收等环节的机械化配套设施的研发与推广，大力推进粮食生产过程的产前、产中、产后全链条机械化。围绕农业优势生产种植区域，积极推进农业设施建造宜机化、布局标准化、作业机械化、服务社会化。推进果园、茶园标准化建设，为实现开沟施肥、节水灌溉、除草打药、修剪采摘等生产环节的机械化提供必要的条件。

四、畅通信息要素

搭建信息平台。数据作为新型生产要素，已成为农业经济高质量发展的全新动能，是现代农业发展的核心要素。要大力发展电子商务，促进农产品产供销平衡，推动农业生产和加工实现"按需生产、有序供给"，探索农业生产流通新模式。重点打造新型数据交易场所，作为全省数据要素市场流通交易的枢纽，为农业市场提供安全可控的流通交易平台。要吸引更多的企业和社会资金参与到农村信息化建设中来，积极探索市场化运行机制，进一步完善政府主导、多元化主体参与的工作格局。

推动信息整合。加大对农业产业信息、服务等资源的整合力度，加快农业物联网、农业气象预警、大数据、农村电子商务等相关信息化设施的建设。进一步提高"12316"服务能力，加强市场行情以及气象、灾害等信息采集、分析和发布；建立农产品市场体系，大力推进农产品批发市场发展，为进行农产品加工、贮藏和运输及时提供相应信息。对农产品质量标准进行修订，建立健全农产品质量监督体系，保证农产品质量，以此提升市场竞争力。

第三节　推进农业市场化改革

农业市场化是指农业资源配置方式以市场为主的同时，让价值规律在农业的产供销等环节发挥基础性作用的过程。对于制约农业市场化发展的因素，必须以政府为主导，协调各涉农部门、行业，采取各种有效措施，加快推进农业市场化步伐。

一、强化信息监测预警

结合市场主体信用风险分类管理，在市场主体信用风险分类管理系统中构建监测预警模块，积极推进市场主体信用风险监测预警。加强乡（镇）农产品质量安全快速检测工作，在生产源头上保证农产品质量安全。对监测发现的高风险市场主体，按照"谁审批、谁监管，谁主管、谁监管"的原则采取提醒、警示、约谈、检查等措施依法处置，及早防范化解区域性、行业性风险，提升智慧监管能力。

探索完善数字经济等新产业新业态监管的新模式。坚定不移地深入推进数字经济做优做强"一号发展工程"，处理好严格监管与包容审慎监管的关系，根据市场主体风险状况动态调整监管政策和措施，实施科学有效监管。对信用风险低和信用风险一般的市场主体，设置一定观察期，探索推行触发式监管，在严守安全底线的前提下，为数字经济市场主体留出充足的发展空间；对信用风险较高的市场主体，有针对性地采取监管措施，防止风险隐患演变为农业产业发展的突出问题。

二、依托信息流通拓宽农产品销售渠道

完善农产品市场体系，一方面要强化农产品市场主体的培育，通过进一步完善土地流转、金融扶持、税收优惠政策等，大力发展新型农业专业合作组织，将分散的小农户有效组织起来，增强农民在市场上的话语权，使农民成为农产品价格决策的主体。另一方面要强化农产品流通体系建设，加强农产品产地、销地批发市场条件建设，提高市场管理能力和水平，疏通农产品流通渠道，发展农产品直销、农民市场等新型流通业态。

充分利用好现有的市场化服务平台，逐步实现对耕、种、防、收等

各环节托管服务的精准监测，防范和化解作业质量监测难、面积核查难、补助资金发放风险大等隐患和问题。加快物流业数字化转型，优化物流资源配置，打造优质高效物流服务，降低企业物流成本。强化农产品冷链物流统筹规划，着力建设规模化产业基地，完善产地分拣包装、冷藏保鲜、仓储运输、初加工等配套设施，加快推进农产品仓储保鲜冷链物流设施建设。

三、提高农产品品牌建设

以农业标准化培育品牌。以农业标准化为依托，制定符合农业生产发展的标准规划。以建立健全农业质量标准体系、农产品质量安全检测体系和农业标准推广应用体系为重点，加快推进农业标准化。广泛吸收农业先进省份的实施措施。通过突出主导产品，以重要农产品为突破口，重点抓无公害、绿色产品农业标准的制订，提高农产品质量，形成优质品牌。以宣传保护提升品牌。运用各种媒体、广告、活动等措施推广农产品品牌，扩大集体商标的知名度；大力推进"123+N"系统和智慧农业平台，以"四绿一红"茶叶、鄱阳湖水产品等省级区域公用品牌为重点，扶强一批区域公用品牌，擦亮特色优势农业的地域名片；积极发挥农业龙头企业在"赣鄱正品"和"湘赣红"品牌培育和创建中的主力军作用，扩大江西省农业产品品牌影响力。

第四节　促进农业产业融合发展

市场竞争力不强、融合发展水平不高、服务配套支持不足是江西农村产业融合发展的短板。补齐补强这些短板，要在产业链延伸、功能区带动、产业园集聚等三个方面着力。

一、以产业链贯通促融合

农业产业链是农业产前、产中、产后各环节纵向一体，农业与二、三产业融合，资源要素全流程优化，农业经营主体密切分工、有机联结的产业组织形式。农业产业链与价值链、供应链、利益链等多个链条相互支撑、相互促进。农业产业链条短、附加值低是江西农业发展壮大面临的现实困境，通过推动农业产业链条向纵向延长和横向融合发展，实现产业链、供应链、价值链整体提升，进而加快推动产业的融合发展，提升农业综合效益，提高农民收入。

（一）推动农业产业链条纵向延伸

保障粮食和蔬果等食物供给是农业的基本功能，农业的纵向产业链贯穿了农产品从田园到餐桌的生产、加工、流通、消费等全部环节，是农业基本功能实现的重要载体。稳步提升农业综合生产能力，围绕影响民生的粮食和重要农产品、满足多样化需求的特色农产品，推行规模化生产，加快形成各具特色、品类齐全的引导产业和支柱产业。积极发展农产品加工业，以"粮头食尾""农头工尾"为抓手开展农产品初加工和精深加工，做强做优做细食品产业。着力发展农产品流通业，加强农产品生产、包装、销售一体化经营，建设现代化农产品冷链仓储物流体系，打造销售服务平台，促进产销有效衔接。

（二）推动产业链条横向融合

通过挖掘农业多种功能延伸拓展产业链条，有助于实现农业多元价值转化，催生乡村产业的新业态。推动农业与旅游、教育、康养等产业融合发展，依托农村的田园风光、村落建筑、民俗风情等独特资源优势，着力发展农耕体验、研学科普、休闲、康养等农业新业态，释放农业生活、生态价值。推动农业与数字信息产业深度融合，大力发展农村电子商务，推进直播带货等新零售方式健康发展，积极发展智慧农业、定制农业等"互联网＋农业"新业态，释放农业生产、消费价值。

（三）深化农业产业"链长制"

扎实稳步推进特色现代农业"链长制"，以做大做强首位产业、做精做优特色产业为目标，围绕全产业链培育，以重点项目为支撑，科技创新、生态循环、品牌培育为重点，通过建园区、扩规模、树品牌、强链条、抓集群、拓市场，全力推进水产、肉鸡、生猪、蛋鸡、中药材全产业链建设，统筹推动脐橙、柑橘、肉牛、食用菌等产业提质增效，构建一二三产业融合发展新格局。

要加速促进农林牧渔"内向"融合，以主导产业带动内部融合。分析梳理当地农业产业，统筹种植业、养殖业等主导产业及种养结合型生态循环农业，调整优化农业结构。通过建链、补链、强链、延链，不断完善生产、加工、流通、服务等各个环节，形成共生共荣的产业发展生态。推进产业空间集聚。完善城乡产业发展规划编制和实施机制，推动农产品加工业、仓储物流、营销网点等加快向示范园区集聚，实现农业产业链在空间布局上相对集中。完善产业链薄弱环节。紧盯农产品精深加工、生产性服务等薄弱环节，聚力发展农产品精深加工，加快良种繁育、冷链物流、检验检测等设施建设，实现链链相接、环环相扣。对接国家重大战略。依托内陆开放型经济试验区建设，主动融入国内大循环发展格局，建成点对点直供粤港澳"菜篮子"生产基地13个，乐平蔬菜、彭泽水产、万载健康食品通过线上线下结合，广销粤港澳大湾区、长江三角洲等目标市场。

二、以功能拓展带动多业态融合

不断推进农业与生态融合。推动农业与旅游、教育、文化等产业的深度融合，大力发展农旅等产业。以"生态＋"促融合，提升产业附加值，将"生态＋"理念植入生产、加工、销售等各环节，全方位融入绿色元素。探索绿色种养模式。通过绿色品种推广、绿色技术渗透、绿色模式融入等途径，使绿色、有机、健康成为全省农产品鲜明标识。发展绿色加工。对标国际质量安全标准和加工技术规范发展农产品加工，全域推进第三方检测，建成一批行业知名的绿色精深加工生产线。打响"生态鄱阳湖·绿色农产品"品牌。大力推进"区域公用品牌＋单一产业品牌＋企业专属品牌"品牌体系建设，厚植绿色品牌优势。

推动农业与二产、三产深度交叉融合，形成"农业＋"多种业态发展的趋势。聚力打造农旅产业，按照精心规划、精致建设、精细管理、精美呈现的"四精"要求，全链条打造旅游休闲农业。大力发展农村康养产业，依托生态优势，培育发展以森林康养、中医药大健康为主的健康养老产业。引导建设农业文化基地，合理开发农业文化遗产，加强对农村传统文化的保护，建成一批农业教育和社会实践基地。

三、以产业园带动集聚融合

推动产业园联农带农。引进、培育农业产业龙头企业，依靠优势资源，明确各地区的主导产业，突出农业特色产业，发展壮大产业集群，提高生产、加工、流通各环节标准化管理水平，着力突出示范园区"示范、带动、引领"作用。搭建产业载体"多向融合"，通过探索"公司＋合作＋园区＋农户"的管理运行模式，鼓励企业为农户提供农业生产种植的方向和技术指导，农户为企业提供优质新鲜的加工原料和电子商务销售产品，园区为农户提供优厚可观的回馈，最终获得效益大丰收。创新小农户与现代农业的有机衔接机制，通过强化科技创新、完善助农服务体系等一系列措施，引领带动农民增产增收，建立企业与农户"利益共享、风险共负"的新型合作关系。

第八章
江西绿色农业发展保障机制构建

　　江西作为中部农业大省，经过多年的发展，农业大省地位进一步稳定。粮食稳产增收，粮食主产区地位不断巩固，水稻产量在全国居前列；农业产业集农业、林业、牧业、渔业和服务业为一体，农业产业结构不断优化，打造了一批如赣南脐橙、南丰蜜橘、万年贡米等为代表的农业特色产业；农业科技含量增加，绿色品牌意识提升，智慧农业"123+N"平台平稳运行，绿色有机地理标志农产品数量不断增加，在品种培优、品质提升、品牌打造和升级上不断发力，农业发展取得了长足的进步。

　　随着新一轮农业发展的推进，解决江西农业产业存在的"弱、小、散"问题，实现农业的优质化、产业化发展，促进农业高质量、高效益发展，推动农业大省向农业强省转变。本章从主体支撑——构建完善多元主体参与机制、产业支撑——完善产业融合发展机制、市场支撑——推动形成市场供需平衡机制、要素支撑——健全城乡融合发展机制四个方面做出机制探索，希望通过这四个方面保障机制的构建，为解决农业发展遇到的问题提供保障，实现农业质量效益和竞争力提升，推动农业迈向更好的发展。

第一节　构建完善多元主体参与机制

推动新阶段的农业绿色发展需要政府科学引导农业发展的方向，通过出台系列激励约束政策、改善农业发展环境，为农业进一步发展指明方向，多元主体持续参与，充分发挥市场主体在推动农业产业化发展中的带动作用，同时也应当尊重农民生产意愿，维护农民在农业现代化推进进程中的利益。

一、坚持政府引导地位

在推进农业发展进程当中，政府要积极起到利益导向带动作用，强化各级政府本身所具有的对农业的引导作用，调动当地基层农民农业生产的积极性以及积极引导农村劳动力市场建设。农业供给的战略性转变会是一个长期持续变革的发展过程，也将是一项涉及农业社会现代化建设发展的系统工程，不仅涉及思想观念的转变、政策措施的创新以及农业发展方式的转变，也涉及生产供给体系布局、产业结构模式上的优化升级和传统农业社会利益关系方式结构的深层次战略优化调整。推进江西农业供给创新，要注重协调处理和统筹考虑好地方政府责任承担与现代资本市场、农民主体权利之间的协调对应等关系，合理分配好各方面利益，坚持政府对推动农业发展的引导地位。

政府与农民关系正逐步进入到具有新时代特点的阶段，一方面肯定政府在农业生产发展中的引导地位，另一方面又强调生产过程当中农民的主体作用，同时也重视加快实现政府引导地位有机转化并与农民主体作用机制创新相结合，进而实现区域农业经济互利发展共赢。在新的历史阶段，政府领导更应切实做到多方统筹组织和全面协调、多方面措施协调并举，在深化改革与顶层规划制度设计两个问题上下功夫。

（一）完善农业产业宏观调控体系

产业政策体系改革和调整区域性经济发展布局规划等仍是加强农业产业宏观战略管理及调节投资方向的重要抓手。现阶段，江西农业科技及其生产加工手段和现代化农业普及应用程度仍然较低，农业机械化程度也有待进一步提升，生产农户个体自主经营能力依然较弱，农村组织相对较粗放封闭，产运供销脱节依然比较严重，普遍存在城乡区域产业分割现象。这一些现象的转变需要政府对区域农业中长期发展做出宏观性的制度设计安排，通过宏观管理立法、经济和行政行为，推进农业发展。

（二）改善农业和农村经济发展的外部环境

政府对农村经济和农业现代化建设的支持，要特别着重于通过做好优化农业环境和现代化农村环境的各种配套建设和指导服务支持工作来实现。如根据江西多山的特点，兴建水利设施、山腰农田灌溉设施等；加强农业生产、交通、通讯电力等农业基础设施体系建设，建立和推广符合当地气候、地形地貌特点和产业发展实际的各种涉农信息网络，为各类别涉农主体提供高效的信息获取渠道；以全省产业发展方向为指引，因地制宜地建立各类农业科技研究、推广等组织体系，建立完善农业科研教育服务体系和基层农技推广指导服务体系。

（三）加强对农业的保护

农业是重要基础性弱质产业，农业的发展和农民地位、农民利益和农民权利仍然需要上级政府切实给予不同程度的支持和保护。政府应采取价格保护等方式，保护补贴那些关系经济发展命脉和重要民生保障的农产品，如生猪、水稻等，以长期保持重点农产品生产的正常开展。除农产品价格保护措施外，还应采取多种保障形式，如实行耕地保护、建立健全农业保险制度、设置生产经营准入门槛等。另外，通过出台相关的法律法规和政策规范各相关主体的经济行为，协调在农业现代化进程中各个利益方面、各个经营环节与第二、三产业的发展关系。同时，通过综合平衡，保证农业生产的良好条件和环境的可持续发展。

二、坚持市场多元主体协同

农业企业规模化经营在促进农民增收致富和优化农业产业发展结构方面都发挥了明显的带动作用，要加强龙头企业之间的协同合作，推动农业产业化进程，以农业产业化经营作为推动农业和农村经济发展的重要方式，把发展壮大农业龙头企业作为抓好农业农村工作的"重大战略"之一；同时积极发展农民专业合作组织和新型农产品行业协会等组织，以此推动农业经营主体规模壮大，解决江西农业经营主体规模不大、实力不强的问题，促进农业增效和农民增收。提升农业龙头企业的地位，充分发挥农业龙头企业在带动产业发展中的市场主体作用，以提高农业龙头企业市场竞争力为重点，从总体上全面提升农业产业化经营的层次和水平。

（一）发挥多元主体的作用

多元化的主体是形成农业社会化服务新格局的重要前提，要积极培育不同类型的服务主体，明确各类主体的功能定位，按照市场化、多元化、专业化、规模化的思路，充分发挥专业合作社及其联合组织、龙头企业、专业服务公司、集体经济组织等主体的重要作用，统筹推进公益性服务和经营性服务。特别是要强化对家庭农场和广大小农户的社会化服务，发挥农技推广、农机服务、动物疫病防治、智慧农业、职业农民教育培训等领域的公益性服务组织的基础性作用。规范发展一批农民合作社，扶持壮大一批基础好的合作社，引导一批合作社建立联合社，解决现阶段江西各地合作社发展不规范、规模不大、竞争力不强、功能定位不清晰等问题；鼓励广大农户、种植大户、规模经营户成立农民合作社或家庭农场，并制定多种措施，推动形成企业与家庭农场、农民专业合作社等市场主体共同发展的局面。

（二）完善产业金融支持政策

要着力破解农业产业主体"融资难""融资贵"的难题，出台针对性的农业普惠金融扶持和鼓励政策，创新开发符合产业生产经营特点的金融产品和金融服务，如推行温室大棚、养殖圈舍、大型农机、土地经营权抵押融资等多种融资形式。加强金融机构与政府性融资担保机构的合作水平，充分利用好各级农业信贷担保体系的融资促进作用，以主体推荐名单、推荐项目等方式，加大信贷投放力度。同时，通过利息补贴、无息贷款等方式推动金融机构对新型农业经营主体开展信用贷、首贷业务。鼓励和完善多种形式的农业保险服务，建立健全多层次、高保障、符合江西农业绿色发展需要的保险产品体系，想方设法畅通农业发展融资渠道，充分发挥金融在推动农业发展方面的作用。

（三）打造良好农业产业营商环境

一方面，要着力打造好市场化、法治化的农业产业营商环境，促进各类型农业经营主体共同发展，优化民营经济发展环境，依法保护各类市场主体的产权和合法权益，通过政策、制度保障等方式让各类型主体享有同等的发展环境。另一方面，要加强法治保障，保护农业企业家生产经营的合法权益，保护企业的产权和知识产权，加大对破坏农业企业营商环境行径的打击力度，切实保障农业企业生产经营有序运转，形成长期稳定发展预期，鼓励创新、宽容失败，营造良好的企业家干事创业氛围。

三、坚持农民主体地位

坚持把农民作为农业发展的主体，充分尊重农民的农业生产意愿和经营自主权。涉农政策的制定和出台要把维护农民群众根本利益作为出发点和落脚点，把农民对美好生活的向往转化为推动农业现代化的原动力，充分尊重农民生产经营选择，通过政府引导、示范、扶持的方式凝聚农民群体力量；创新农业生产教育和技能培训形式，大力提高农民群体的综合素质，加大力度培育新型农业经营主体，为实现农业绿色高质量发展提供高效的承接载体。在城乡仍存在较大发展差距、农民群体仍处于弱势地位的情况下，推动各种新型农业经营主体的快速发展，必须要以保护农民根本利益、带动农民增收致富为底线，而不是与农民争利甚至是"挤出"普通农户。

（一）制定和完善农村土地流转相关制度

农村土地是重要的农业生产资源，也是农民赖以生存的根本，要以完善的法制来保护农民享有的土地权益。在推动农村土地流转过程中，通过政策法规严格界定农村土地流转中的产权主体、产权性质，农村土地流转方、流转受让方以及流转中介的权利义务关系，流转的原则和程序、流转期限、流转权的保护及流转方式、争端解决和法律责任，以确保土地流转的公平性、有序性和规范性；建立农业土地用途分类与管制制度，对流转土地的用途、奖惩机制做出明确的规定，防止工商资本因土地经济价值而掀起"圈地运动"；探索建立流转租金预付制度和复耕保证金制度，有效预防流转后遗症；健全土地价格评估机制，通过数据统计调查、系统分析调研、专家综合评定等程序，科学确定各镇区园的土地流转指导价，平衡参与土地流转各方利益，提高土地流转成功率；构建完善的农业投入保障制度、农业生产保险制度和农业生态环境损害赔偿制度；建立基本农田的保护激励约束制度，通过财政资金补贴方式调动农业生产者建设和保护基本农田的积极性，同时要提高农业保险覆盖面；加快城乡户籍制度改革和探索农村土地退出机制，提高农民参与农村土地流转的积极性和土地流转效率；完善城乡一体化发展社会保障制度，推动农村人口进城定居，加快农村土地流转制度改革进程，鼓励有意愿、有能力进城的农民以宅基地置换城镇房产、以土地承包经营权置换社会保障，推动农村人口城市化，提升农村土地经营流转速度，促进土地适度规模化经营。

（二）构建完善的新型职业农民培训体系

加快推动涉农人才队伍建设，引领农业转型发展。培养一批农业产业发展所需的懂技术、会经营、总体素质高的新型职业农民。坚持用优质的教育资源培育优质农业发展人才，充分利用各类理论、实务人才充实师资队伍，为农民搭建教育培训、理论实践相结合的培养体系。结合当地产业发展、农民诉求、市场情况，因地制宜、综合施策，从政策、资金扶持等方面给予更多支持，通过改进培养方式、拓展培养渠道、完善培养机制、加大培养力度，让农民在接受系统培训之后真正学到知识、用到知识，进而提升农业生产经营能力。此外，还可以通过发挥农业大户、乡村科技人才等骨干力量的"领头羊"效应，以点带面，传授经验，带动周边农民共同提升素质与能力，促进农民更好更快地适应新时代农业发展要求，形成合力推动农业发展。

（三）拓宽农民组织规模和范围，提升农民组织化程度

要加强农民组织化程度，扭转当前农民被动地参与市场竞争，难以形成有效市场竞争力的局面。因此，推进农业绿色发展目标的实现不仅需要实现生产力的变革，也需要生产关系的调整。通过加强农民群体之间的合作，推进农业产业规模化经营，提升农民群体的组织化程度，使农民群体获得更强的竞争力和规模效应。要积极鼓励各类新型农业经营主体与农民建立合理的利益连接机制，以分红、股份合作、利润返还等多种形式，让农民也能分享产业链增值收益。

第二节　完善农业产业融合发展机制

立足江西农业生产资源优势，打造具有鲜明特色的农业全产业链，完善农民分享产业链增值收益机制，形成特色农业产业集群，推动农村

地区一二三产业融合发展。农业产业化发展对促进农村产业融合发展具有重要推动作用，要大力推动农业的产业化发展，发挥农业龙头企业在带动农业产业化中的作用，发展绿色富民乡村特色产业，通过建立完善的产业融合发展机制推进农村产业融合，促进农民持续、稳步增收。

一、筑牢产业发展保障机制

农业绿色发展在推动产业融合中起到基础性、关键性的作用，是发展农村产业、延伸农业产业链条的重要支撑。为实现农村地区的产业融合，应当重视和大力发展第一产业，通过完善农业生产基础设施、发展特色产业、提升农业科技运用水平等方面发展壮大第一产业。

（一）强化农业基础设施体系建设，夯实乡村产业发展的生产基础

结合乡村建设行动，持续做好农村人居环境整治工作，协调相关部门扎实推进各地农村道路、农村污水和垃圾收集处理设施等建设，提前谋划设施农业等一批新的重点基础设施建设。利用农业物联网等手段提高农业产出率，夯实农业生产基础，综合提高农业生产能力。

（二）完善农业科技创新体系，推动农业科技创新

积极学习借鉴欧美及其他农业发达国家农业科研成果，打破原有的部门区域学科界限，建立起一批由省级农业管理部门为领导，高校及科研院所为主要力量，农业技术推广机构和科技型农业企业为重要参与力量的科研机构，形成跨部门、跨区域、跨学科的综合农业科技创新体系。完善农业科技研发体系，整合现有产业科研力量，推动建立形成大型的综合性农业科技数据中心，建设培育一批区域性产业技术中心，以推进节本增效、优质绿色标准化发展为重点，着力破解农业优质遗传、品质改良、资源高效利用、病虫害控制、优势产业等方面的技术瓶颈。建立起以公益性组织为主、多元化市场主体协同参与的农业技术推广体

系，统筹吸纳区域内农业科技力量，形成农业科技联合、协作、推广机制，构建起农技推广机构、各类农业经营主体紧密结合、紧密协作的农业科技信息交流与共享平台。

（三）立足实际，因地制宜构建农业产业特色体系

政府及各类经营主体应共同以产业振兴为目标，立足省内农村的资源及特色，结合当地的土壤、气候、水资源、地形地势等特点，科学规划一套更加适宜当地发展、突出当地产业特色的农业发展体系。因地制宜地发展脐橙、柑橘、茶产业、苗木、水产养殖、畜牧业等传统优势产业，挖掘并结合本地区历史文化资源、现有自然资源，在认清地理区位优势的基础上，科学谋划、内外结合，形成具有江西区域特色的产业体系。

（四）大力发展智慧农业，推进构建农业数字化体系

加快开发建设集信息化、智能生产管理、经营分析技术等于一体的新一代智慧农业运营管理与支撑服务示范系统，构建一批覆盖全省农业资源、乡村产业、生产与管理、产品质量、农机装备应用等多领域的农业信息数据库，实现农业管理数字化和农业生产可视化；充分挖掘数字技术的促农效能，进一步加大移动互联技术、云计算以及大数据等前沿科学技术在农业生产服务领域的运用程度，提升农业生产经营管理的数字化水平。

二、健全新型主体培育机制

培育多元农业产业融合主体，使农业产业融合主体"从无到有，从少到多，从弱变强"，推动乡村产业融合发展，促进农业产业链条完整、功能多样、业态丰富、利益联结紧密，是提高农业竞争力的必由之路。要形成企业和农户在产业链上优势互补、分工合作的格局，农户能干的尽量让农户干，企业主要干自己擅长的事。当前江西各地农业生产主要以家庭经营为主，主体经营规模小且分散，很难形成产业融合的局面。

实现产业融合必须加快培育新型经营主体、转变经营模式。

（一）鼓励小农户、种养大户、家庭农场等主体发展

引导各类学校毕业生、新型职业农民、农村留守青壮年、务工经商返乡人员以及各类农业服务主体兴办家庭农场，鼓励这类经营组织以市场为导向，积极采用现代农业新技术、优良品种、机械和智能设备耕作；加大对土地、资金、人才等多种生产要素的整合力度，与农业生产性服务组织加强合作，推动农业的专业化生产。同时通过适度扩大经营规模，参与发展农产品精深加工、乡村旅游等经营活动，为农村产业融合主体发展壮大创造良好条件。

（二）引导农民合作社规范有序发展

充分认识到新型农民合作社在连接农民与农业企业、市场中的重要作用，鼓励支持和引导农民合作社的规范化发展。鼓励和推动农民专业合作社依法从事农产品加工流通、直供及直销等经营活动，规范合作社管理，实现生产加工流程标准化以及经营生产产业化，带动、引导普通农户主动参与农村产业的融合发展。支持有条件的农民合作社、家庭农场等优先承担政府相关涉农项目，支持家庭农（林）场、农民合作社等参与全产业链建设。

（三）发展壮大农业龙头企业

鼓励、支持和引导各类农业企业加速向农产品精深加工及流通、电子商务、农业社会化服务等涉农方向投资发展，支持涉农大企业通过直接投资、参股合作经营、签订长期供货合同等方式建立标准化、规模化的原料生产基地和农产品精深加工基地，充分发挥农业企业和农民合作社等主体在带动辐射发展适度规模经营上的引领作用。充分发挥农业龙头企业在资金、技术、品牌和管理上的优势，同时在相关企业的品牌打造、资本运作以及产业链完善等方面给予政策优惠和引导，尽快与其他经营主体形成规模和协调效应。培育在国内位居一流、国际上具有较大

竞争优势的国际大型区域性现代农业企业集团，推进产地区域的合作共建，示范带动江西各地区农村产业融合发展。鼓励、支持、引导工商资本有序投资现代农业，促进农商联盟等现代新型农村经营模式创新发展。建立以家庭承包经营为基础，集体经营、合作经营、企业经营等共同发展的综合农业经营体系。

三、完善农业主体利益联结机制

参与农村产业融合的主体呈现多元化的特点，实现自身利益最大化是各类经营主体参与产业融合的内在驱动力。所以为了促进农村产业融合进程和可持续发展，需要着力解决好各类主体之间交易联结不稳定、主体间协调性不强等利益联结问题，使各类主体之间形成"优势互补、利益共享、风险共担"的利益联结关系。政府应当充分发挥自身在引导企业、合作社、农户等不同层次主体分工合作、优势互补方面的重要作用，推动形成协同发展的新局面。

一是充分利用先进的数字技术，创新订单农业模式和运行机制，完善、规范农户和生产主体的行为，大力发展农产品现代流通方式、新型流通业态和农业会展经济等，积极发展农产品连锁经营和电子商务，降低信息不对称风险，形成稳定的生产资料供应、农产品收购、农机农技服务关系。

二是不断进行组织模式创新，探索农户以土地经营权、劳动、集体资产、资金、农产品等入股农民专业合作社或者入股农产品加工企业的方式，实行"农民入股＋保底收益＋按股分红"、订单合同、股份合作、流转聘用、产业化联合体、服务协作、农村闲置宅基地（闲置农房）盘活利用、担保型联结、"市场式"联结、"托管式"联结等多种利益联结方式，形成"龙头企业带动、合作组织跟进、广大农户参与"的抱团发展模式，构建分工明确、风险共担、利益共享的命运共同体。

三是构建完善风险分担机制。根据农业发展的风险特征，建立健全支持农业生产、加工及销售全链条的税收、信贷、政策性保险等机制，着力推动各类主体共同化解农村产业融合发展中存在的各类风险，引导企业承担相应的社会责任，保障农民的基本收益，让农民尽可能多地分享全产业链增值收益，实现农民增收、企业发展、地方受益。

第三节　推动形成市场供需平衡机制

在新冠肺炎疫情影响、全球经济面临衰退的背景下，农业发展必须适应新形势，注重对需求侧的管理。江西农业发展应当充分利用国内对农业的需求，抓住我国超大规模经济体的内在需求机遇，通过拉动有效的农业需求促进区域内农业发展，通过提升农业产业链、供应链控制能力，促使农业供给和需求达到动态平衡。

一、持续推动供给侧结构性改革

深化农业供给侧结构性改革是切实提升农业综合效益和产业竞争力、推动实现农业现代化的重要举措，也是推动富民强省的必然选择。江西农业供给侧结构性改革应着力于优化产业产品结构，推动品种培优、品质提升、品牌打造和标准化生产，重点在于调整和优化农业生产结构、产业结构和经营结构，通过改善供给结构、补齐农业发展短板、增强农业生产活力等方式，进一步推动农业绿色发展。

（一）调整和优化生产结构，推动农业生产提质增效

大力调整和全面优化农业生产结构。建立集种、养、渔等多功能于一体的绿色高效循环农业园，提高养殖排泄物的综合再利用，推动农牧渔产业协调绿色发展。

推进种植、养殖和加工于一体，使各经济业态协调发展。鼓励和支持种养基地经营标准化、规模化，加强对种养基地基础设施、技术升级改造的政策、税收、资金支持，积极出台推行畜禽良种、动物防疫等扶持补贴政策。创新激励方式，鼓励发展农产品精深加工业，加快完善农业科技创新成果转化和应用推广机制，整合域内高等院校、科研院所、先进农产品加工企业的科研技术力量，积极推动各类农产品加工技术、工艺、装备的创新研发，引导农产品加工企业由粗加工向附加值更高的精深加工方向转变，推动农产品加工企业的转型升级。

统筹粮经饲协调发展，形成农业三元种植新模式。在江西粮食综合生产能力逐步提升和水稻等粮食连年稳产、增产的背景下，可以适时考虑将粮食和经济作物的二元种植结构，调整转变成粮食、经济作物和饲料三者共同发展的三元种植结构，进一步促进农业的现代化发展。尽快建立和完善支持粮经饲三元结构调整的有关政策框架、体制机制保障和管理服务体系，出台稳粮、优经、扩饲的补贴政策，推动三元种植模式落地推行。

（二）调整和优化产业结构，促进农业产业融合发展

合理配置和有效利用现有的各类资源，是提高资源综合利用效率、提升资源产出、实现经济效益最大化的必然要求。现代农业的竞争已经不再局限于农业产品之间的竞争，而是上升至农业产业链之间的竞争，要集中资源优化整合农业全产业链，充分发挥各类农业生产企业在上联农民、中联企业、下联市场中的地位优势，推动农业产品在生产、加工、储存、销售等环节的顺畅流通和快速发展，改变江西传统农业竞争优势不足的现状。提升农业管理信息化水平，将互联网技术融入运用到传统农业生产经营管理的改造升级之中，使信息网络贯穿农产品生产、加工、销售和消费体验等各个环节，建立和完善农业科技云数据服务平台，使新一代数字科学技术为现代农业的发展注入持续动力。

（三）调整和优化经营结构，提升农业集约化水平

推动农业经营方式向规模化转变，提高农业生产经营的集约化、组织化和社会化水平。鼓励和支持各类型主体依据自身能力和发展水平开展适度规模经营，加快建立完善的农村土地三权分置和土地流转制度，通过土地托管、集中经营、代耕代种等多种方式减少农村闲置土地，提升农村土地的利用水平，全面提高农业经营效益，促进农民增收。积极培育新型农业经营主体，把农业生产专业大户、家庭农场、农民专业合作社、农业龙头企业等作为重点培育和发展的对象，促进各类型农业生产经营主体协同发展、共同受益，使基层农户与现代农业服务体系高效衔接。政府应当根据不同经营方式的特点给予针对性指导和引导，给予支持其发展的优惠政策和扶持资金，因地制宜，鼓励区域内各地探索和采用贴合当地实际条件的经营方式，从而形成完善的现代农业经营体系。

二、推动需求侧管理体系构建

2020 年中央经济工作会议提出"要紧紧扭住供给侧结构性改革这条主线，注重需求侧管理，打通堵点，补齐短板，贯通生产、分配、流通、消费各环节，形成需求牵引供给、供给创造需求的更高水平动态平衡，提升国民经济体系整体效能"。构建高水平的供需动态平衡体系需要加大对需求侧管理的力度，注重完善与消费需求有关的体制机制，更加充分有效挖掘内需潜力，把潜在的消费和投资需求激发出来，形成扩大内需的长效机制，增强经济发展的内生动力。

（一）参与培育完整的内需体系，推动农业消费需求持续增长

要顺应经济发展水平提高导致的居民消费升级的趋势，依据消费形态、消费群体、消费方式和消费区域的不同，充分运用先进的互联网数字技术手段，通过精准施策和政策的协同配合，进一步激发居民消费需求，达到扩大内需的目的。

一是优化消费者的消费环境。政府部门及相关行业协会等组织应想方设法地优化消费环境，通过构建完善的权益保护机制来保护消费者的合法权益。一要充分发挥市场监督管理部门在监管方面的领导优势，通过协调各个行业各级监管部门形成齐抓共管格局。二要加大对农业食品质量安全的监管力度，强化食品质量检测力度和频率，加大对农业产品尤其是区域公共品牌产品的产地环境监测力度，全面提升对食品质量安全各环节的监管能力。三要强化消费的配套基础设施建设，提升政府等监管部门的数字化管理服务水平。

二是优化市场供给。大力优化市场供给，提升农产品与农业相关服务供给质量，在农业消费领域培育高端品牌，促进农业产品市场供给向中高端方向发展；要打通农业消费领域的"堵点"和"难点"，根据消费市场的变化走向，大力优化农业市场的相关供给，综合提升域内所产农产品和服务在市场上的竞争力，从而让国内消费者对产自江西的农业产品高度认可，在使消费者享受优质农产品的同时让农业生产经营者获得良好的效益。

三是充分利用数字技术在促进消费中的重要作用，积极与大型电子商务平台对接合作，拓宽农产品销售渠道，为大型超市、农贸市场、便利店、农产品加工企业等经营主体加强合作创造机会和便利，推动各类型经营主体运用互联网技术实现生产经营模式变革，提升企业技术创新、经营创新和适应市场环境变化的能力。推进城乡物流体系建设，持续扩大农村电子商务的覆盖范围，推动城乡产品双向流通。加强农村物流基础设施建设，构建农村一体化综合信息服务平台，以交通运输、商贸物流、供销等网络资源为基础，集邮件转接、物流配送和信息交流等功能于一体，解决农村物流服务"最后一公里"难题。强化农村配送网络资源衔接，鼓励物流企业结合自身优势，主动对接农村优质特色产业。

（二）激活农业投资需求，促进资金有序进入农业产业

针对江西"三农"领域内的短板、薄弱环节，增加农业农村投资，保障各级财政强化投入，积极引导撬动金融和社会资本加大对农业农村的投资。通过模式创新、机制创新，打造有效的投资载体，破解信息不对称难题，提振资本投资信心，引导金融机构强化金融支农服务，激发社会资本投资农业农村的热情。

一是有序扩大用于支持乡村振兴的专项债券发行规模。近年来，地方政府专项债券发行规模不断扩大，用于支持乡村振兴的专项债券发行稳步推进。如四川把宅基地整理、乡村产业发展、农村人居环境整治等打包形成"项目包"，发行了用于农村综合整治的专项债券；江西省整体发行了用于高标准农田建设的专项债券等。要继续有序扩大专项债券发行规模，统筹用好城乡建设用地增减挂钩和新增耕地占补平衡指标调剂收益，扩大地方债券用于农业投资的规模，重点用于高标准农田建设、宅基地整理、村庄整治、农产品冷链物流基础设施建设等方面。

二是创新金融和社会资本支农机制。要充分发挥现代金融对农业农村经济的引导带动作用，积极出台支农优惠政策，创新涉农投资金融产品，持续优化农村普惠金融服务体系。要充分发挥农业信贷担保体系的作用，创新担保方式，优化业务流程，稳步放大担保倍数，做大做强面向新型农业经营主体的担保业务；加强对社会资本投资农业农村的指引，提出适宜社会资本投资的重点领域、重点项目，搭建社会资本投入平台，调动各类市场主体的投资热情。

三是提高农业保险服务能力。重点要深入推进农业保险"扩面、增品、提标"，继续推进农业大灾保险等试点，推进三大粮食作物完全成本保险和收入保险试点，扩大优势特色农产品保险以奖代补范围。要探索优化农业保险运行机制，提高农业保险服务质量，确保农民买得着、买得起、保得到，切实发挥好农业保险防风险、保收益的作用。

三、健全农产品供需体系

农产品供需对接应以集聚资源要素为基础向规模化、集约化方向发展，以产业融合为目标向社会化、组织化方向演进，以品牌培育为引领向专业化、市场化方向迈进，以政府引导为保障向规范化、持续化方向转变。要抓住乡村振兴战略的发展机遇，统筹推进农业供需体系的建立和完善。

一是推动农业高质量发展，实施品牌培育提升行动。要发挥好市场机制和各级政府作用，在对接中培育品牌，在品牌培育中开展对接，力争不断提高产销对接贸易中品牌农产品所占比重。

二是破解农产品流通难题，搭建供需对接平台。培育农村经纪人、家庭农场、农民合作社及龙头企业等流通主体，增强农产品流通的规模组织、信息获取、田头贮藏和产品直销等能力。在农产品主要产区、优势产区或重要流通节点，建设改造一批国家级、区域性的农产品产地批发市场及田头市场，增强农产品储存、保鲜、运输和信息发布能力，形成稳定高效的线下农产品流通渠道。举办丰富多彩的农业展会、产销对接会、农产品推介会等，善用各种媒介，拓宽营销传播渠道。

三是加快城乡要素交换，推进供需信息化发展。加快推进现代信息技术与农业产业、市场流通的深度融合，让农产品供求信息更精准、产销渠道更稳定、产品上行更顺畅。加强农产品产销对接数据支持和服务，建立产地市场信息收集、分析和发布制度，为进入市场交易的农户和采购商提供及时、全面、准确的产销信息，为全国性农产品信息服务平台、农产品生产和流通管理部门提供数据支撑。充分发挥电商平台促进产销衔接、缩短流通链条、健全市场机制的作用，实现线上购买与线下流通的无缝衔接。

四是完善农产品供需对接体系。要充分发挥市场机制的导向作用，对农业产业化发展进行调整，不断完善农产品生产、要素投入和产品消费的市场供求关系。要处理好生产、流通与消费的利益关系，支持产区成立流通型合作社、联合社或产销联合体，推进精深加工、订单农业、竞价采购等，让产销连接更加紧密，形成生产、流通、消费利益共同体。要提升农业全产业链竞争力，围绕产销对接，加大品牌塑造、营销包装、会展节庆等方面的开发。

总而言之，必须加大引导推动力度，加快提升供需对接的市场化、品牌化、信息化水平，覆盖田间到餐桌，农产品生产到加工、流通、销售全产业链，增强对现代农业产业的支撑作用，形成要素集聚、主体多元、渠道畅通、机制高效、规范有序的现代农产品供需对接体系。

四、实现以高质量供给引领需求

经济社会发展进入高质量发展阶段，总量不足已经不再是农业的主要矛盾，农业的结构性矛盾、质量和效率问题成了农业发展的主要关注点和急需突破的难点，这就要求农业从单一生产功能向多功能转变，也要求农业供给体系向更好满足"质"的需求、突出解决好结构性问题的方向调整。推动农业高质量发展、形成农业高质量供给，要以农业高质量发展为根本目标，通过农业农村优势产业集群的建设、农产品标准化的生产、农业科技的运用、严格有效的品质监管等，形成高质量的农业供给体系，通过高质量的供给适应引领需求，推动农业永续良性发展。

（一）加快培育壮大农业农村优势特色产业

基于农业优势产区的现有资源条件，从发展特色产业和产品入手，选择特色资源作为重点开发和培育的对象，将发展"一镇一品""一镇一特"与优势产业带建设结合起来。进一步依托城市的经济集聚牵引作用，着力促进产业联动发展，以创建农业精品为导向，发展低耗低排、高就业高效益的特色涉农产业。实施大型龙头企业工程项目，科学集成和应用生物、工程、环保、信息等智能加工技术，发展特色农产品产地初加工与贮运；推动个性化营养功能性食品制造技术在农产品加工领域的应用，提升特色农产品利用的便利度和效率。

（二）完善农业生产标准体系

通过龙头企业产业化经营带动农业生产标准化，引导龙头企业向优势产区集中，形成一批相互配套、功能互补、联系紧密的龙头企业集群，建设一批与龙头企业有效对接的生产基地。加强产业链建设，构建一批科技水平高、生产加工能力强、上中下游相互承接的优势产业体系，引导其为农民提供产前投入、产中服务、产后收储、加工和流通领域等各个环节的优质服务。增强标准化生产技术的推广宣传力度，修订制定简明易懂、操作易行的技术规范和操作规程，重点将其集成转化为简便好用的操作手册、挂图和明白纸，让小农户更便于按标准生产。大力发展农业生产性服务业，完善农业社会化服务体系。支持农业服务的专业化、市场化、产业化、社会化和网络化，加快形成以公共服务机构为依托，龙头企业和合作社等非营利性服务机构、市场化服务机构为支柱，其他社会力量为补充，不同类型服务组织分工协作、优势互补、网络化发展的新格局。

（三）着力增强农业科技供给与应用能力

加快建立一批现代农业产业科技创新中心，推进资源开放共享与服务平台基地建设，以增量撬动存量，统筹不同渠道资源，引导和资助创新团队开展重点攻关。不断提升成果转化和服务区域发展水平，创建一批高质量农业科技示范典型。尽快启动乡村振兴科技示范行动，选择一批有代表性的乡村作为试点，重点转化一批有针对性的科技创新成果，打造一批高质量农业示范典型。强化农业科技创新联盟建设，围绕农业产业重大问题和区域农业发展重大命题，构建跨单位、跨学科的协同创新平台，提供多学科集成的农业科技综合解决方案，提高科技资源共享利用效率和协同创新合力。

（四）扎实有效推进农产品质量安全监管体系建设

加快创建全程质控模式，建立符合主产区实际的全程质量控制模式，遵循质量控制实施规则，对照生产（加工）、标志与销售、管理体系标准严格管理。加强适宜关键技术的推广应用，推广农业资源节约和替代技术、生态种养技术、产业链接技术、清洁生产技术、新能源开发利用技术、废弃物无害化处理与资源化利用技术和农业生态环境质量监测预警技术，减少农业投入品使用与回收。加大实施畜禽养殖粪污处理设施建设，扶持畜禽规模养殖场建设配套的畜禽粪污处理设施，推进养殖废弃物的综合利用和无害化处理，降低畜禽养殖污染，促进种植畜牧循环融合发展。

第四节　健全城乡融合发展机制

当前，农业发展质量、效益和竞争力不高，农民增收后劲不足，农村自我发展能力较弱，城乡发展差距依然很大。农业农村改革发展不能就农业论农业、就农村论农村，必须按照城乡融合发展的要求，促进城镇化和新农村建设协调推进，努力推动形成城乡融合发展的新格局。

通过立法做好农村土地制度、农村集体产权制度等方面的改革，盘活农村资产，建设城乡统一的资源配置市场，推动城乡要素自由流动、平等交换，提高农村各类资源要素的配置和利用效率，赋予农民更多的自主权和财产权；引导各类资金、技术、人才、管理等生产要素向农业农村流动，加快形成工农互促、城乡互补、全面融合、共同繁荣的新型工农城乡关系；促进城镇市政设施和服务向农村延伸，做好农村公共服务供给的统筹规划，推动城乡之间基本公共服务均等化。

一、统筹优化城乡发展布局

现代化经济体系作为一个有机整体，区域良性互动、城乡融合发展是应有之义，要坚持城市与乡村并进，发挥统筹引领作用，优化城乡发展的空间布局，推动城市发展与乡村发展相互补充、相互促进，在更高水平上实现城乡融合发展，着力构建融合发展的城乡体系。

城乡空间布局是推动产业发展的重要支撑，要结合城乡发展现状和今后的产业发展规划，合理确定城乡产业分工，统筹做好城乡建设，按照用地需求，优化空间布局，既要保证土地合理开发的质量和效率，也要考虑未来城乡空间融合发展的实际需求。结合当前国土空间规划体系建设，健全城乡融合规划制度，适度超前统筹规划城乡产业融合发展所需的生产空间、人口居住所需的生活空间、维持生态建设所需的生态空间，提高城乡空间融合发展的经济效益、社会效益和生态效益，发挥各县区的比较优势。要加强耕地保护，适度保证农业设施建设用地供给，为农业产业正常稳定发展提供保障。要统筹城乡产业发展，优化城乡产业用地布局。引导工业向城镇产业空间集聚，合理保障农村新产业新业态发展用地，明确产业用地用途、强度等要求，为乡村多元产业发展、城镇产业链条延伸提供支撑。立足资源环境承载能力，按照人口、资源、环境三者相均衡的原则，统筹推进居民房屋建设用地和人居环境整治，强化保护和优化生态空间意识。统筹城乡基础设施和公共服务空间布局，适度增加城镇和农村社区服务设施建设用地，优化生活空间，完善城镇体系和综合交通体系，充分发挥县城、特色小镇、传统古村落群的纽带作用，构建高效的城乡空间融合网络体系，推动城乡融合发展取得实效、行稳致远。

二、畅通城乡要素双向流动渠道

以城乡融合发展为抓手推动农业新供给战略的落地见效，关键在于建立健全城乡劳动、土地、资本等生产要素平等交换、双向流动的政策体系，疏通城市要素向乡村流动的通道，促进生产要素更多向乡村流动，为农业农村发展持续注入新活力。

（一）打通城乡人口自由双向流动渠道

持续深化城乡户籍制度改革，剥离附着在户籍上的公共资源配置功能，祛除隐性门槛，保障农民工等非户籍常住人口均等享有教育、医疗、住房保障等基本公共服务，充分保障进城落户农民的土地承包权、宅基地使用权和集体收益分配权，建立依法自愿有偿转让机制，为农业转移人口市民化融入城市提供坚实基础。建立城市人口向乡村流动的制度性通道，制定政策优惠措施，鼓励引导一批致力于投身乡村振兴事业的城市人才资源向农业农村领域转移，并引导其承载的科技、资本与信息等资源要素流向农业农村领域，带动生产经营要素向农村集聚，实现人才资源的优化配置，并通过制度建设保障入乡就业创业人员根据意愿在原籍地或就业创业地落户，让进城的农民能够在城里扎根，让农业发展所需的各类人才能够在乡村安心落户。

（二）深化农村产权制度改革

要深化农村土地制度改革，盘活农村土地资源，增强农业农村发展活力，优化城乡土地资源配置，积极探索降低农村土地经营权流转交易成本以及降低规模化经营风险的制度安排，建立健全城乡统一的建设用地市场，鼓励对依法登记的宅基地等农村建设用地进行复合利用。要稳妥有序推进农村集体经营性建设用地流转，积极探索宅基地所有权、资格权、使用权分置的实现形式，允许农村集体在农民自愿前提下，依法把有偿收回的闲置宅基地、废弃的集体公益性建设用地转变为集体经营性建设用地入市，健全集体经济组织内部的增值收益分配制度，保障进城落户农民的土地合法权益。要稳慎推进农村宅基地制度改革，尊重农民意愿，积极稳妥盘活利用农村闲置宅基地和闲置住宅。

（三）强化农村发展资金保障

江西农村发展面临的资金不足问题较为突出，这其中既有金融服务供给不足的原因，也有财政资金支持不足、社会资本入乡面临障碍等因素。要深化财政体制机制改革，推动财政资金向农村发展倾斜，发挥财政资金的导向作用，引导金融机构特别是本地区域性金融机构有针对性地创新多种金融产品，为农村提供服务；完善农村金融服务体系建设，建立工商资本入乡的约束和激励机制，探索工商资本与村集体的合作共赢模式，用规范的制度建设保障提升下乡资本投资收益，吸引社会资本有序流入乡村。要建立工商资本租赁农地的监管和风险防范机制，确保农村集体产权和农民合法利益不受到侵害。

三、完善城乡生态环境治理

城乡二元结构的存在使城镇与乡村的生态环境治理存在治理分裂、双轨运行的局面。消除城乡二元结构对城乡生态环境治理的负面影响，需要将城乡生态环境建设和保护作为一个整体系统进行考虑，改变以往城市和乡村分开治理的观念，改变忽视农村环境保护的倾向，依照建设生态城市的要求，把农村生态环境保护和治理提升到与城市生态治理同等重要的位置，对城市地区与农村地区的生态环境治理进行统一规划、发展。

（一）城乡生态治理一体化

城乡生态应该纳入同一规划体系，合理制定城乡环境保护、环境治理规划，充分考虑城乡的整体环境承载力，结合经济布局、农业生产现状、城镇化格局、未来发展规划等，确立功能区域，在此基础上细化环境管理和保护细则。不同功能区应该采取与其功能、环境承载力相适应的环保模式，对已经存在、潜在的环境问题进行针对性治理，实现城乡经济增长与环境保护同时同步进行。

（二）健全环境治理资金投入机制

加强对环境建设、环境保护、环境治理的基础设施配置，加大财政对城乡生态保护的投入，全面改善城乡居民的居住环境。在保证政府的资金投入和支持之外，创新城乡环保融资机制，引导社会、企业、公众参与城乡生态建设，集中社会的力量和资金，构建完善的环境保护管理体系。此外，明确责任，谁得益谁付费、谁污染谁治理，控制污染的同时，将环境保护责任合理划分，降低污染和消耗。

（三）创新环境建设公众参与机制

生态环境治理是全社会的共同事业，公众作为生态环境治理的重要力量之一，要保证其知情权、参与权、表达权、监督权，鼓励公众曝光破坏生态环境等涉环境违法行为，顺畅监督举报渠道，让政府管理部门与公众产生良性互动，形成公众监督、社会关注的格局。完善环保组织参与机制，引导专业化组织参与到环境治理事业中来；优化公众环保理念的教育机制，培养和激发公众参与生态环境治理的责任意识，提高公众参与环境治理的能力，引导公众自觉履行环境保护责任，逐步转变落后的生活风俗习惯；积极开展垃圾分类，践行绿色生活方式，倡导绿色出行、绿色消费。健全生态环境治理激励机制，落实奖励先进的政策，实现激励先进、鼓励参与的目的；同时要充分运用精神层面的激励机制，对在生态环境保护方面做出重大贡献的公民或组织授予荣誉称号并加强宣传，进一步调动公众的社会责任感和积极性，激发其长期持续地参与生态环境治理行动。

四、推进城乡公共服务均等化

推进城乡基本公共服务均等化，构建优质均衡的公共服务体系，是落实以人民为中心的发展思想、推动共同富裕的重要举措，也是促进形成强大国内市场、构建新发展格局的重要支撑。

（一）完善公共服务投入机制

要改变仅有政府作为农村公共服务投入主体，社会资金参与不足的局面，针对农村公共服务资金投入不足问题，通过完善农村公共服务投入机制，以财政资金引导社会资金有序参与到农村公共服务建设当中，补足农村公共服务投入不足的短板。明晰政府、市场、社会三者之间的关系，明确政府与市场在农村基本公共服务投入当中的角色定位，在政府起引导作用的同时，也要发挥市场在资源配置上的作用。加大公共财政投入力度，按照事权与财力相匹配的原则，保证公共服务投入的力度稳步提升；提高财政转移支付的比重，通过转移支付的方式提升地方政府供给公共服务的财政力度。建立政府主导、民间资本和社会力量广泛参与的多元主体投入机制。对于一些具有准公共产品特征的公共服务，如农村基础设施建设、农业信息服务等，可以灵活采取如政府购买、PPP合作投资、有偿使用等多种方式来提供，通过构建完善的公共服务投入机制，提升农村公共服务水平。

（二）推进基本公共服务均等化标准建设

基本公共服务是指政府为社会全体成员提供基本的、与经济社会发展水平相适应的、能够体现公平正义原则的大致均等的公共产品和服务，是人们生存和发展最基本的条件。当前，公共服务供给机制存在较为严重的城市偏向，城乡教育、医疗、社会保障等基本公共服务标准差距较大，农村基本公共服务与城市双轨运行，不仅水平较低，还存在一些制度覆盖盲区。应把推进城乡基本公共服务均等化作为发展农村公共服务的一项基本准则，建立城乡统一的标准，积极发挥政策的导向作用，逐步缩小城乡基本公共服务差距。

（三）构建公共服务均等化考核体系，强化政府权责

政府作为公共服务均等化的主要责任人，在推动公共服务均等化方面发挥着主要作用。应当改革政府政绩考核制度，逐渐将基本公共服务的绩效评价指标纳入地方官员政绩考核体系，使地方官员认识到推动公共服务均等化的重要性及迫切性。在建立健全科学的绩效评估考核体系基础上，完善评价问责和监督检测机制，以此确保政府履行基本公共服务均等化的职责。

附　录

江西省_____市_____县（区）_____乡/镇_____村

问卷编号：_____　　　　　　调研时间：_____

调研人员：_____　　　　　　联系电话：_____

农户调查问卷

您好！为更好地了解农户种植意愿的现状，我们进行本次问卷调查，希望能得到您的有效配合。以下问题不分对错，只求真实，不记姓名，请放心填写，谢谢！

一、调查农户家庭特征情况

1. 您的性别是（　　）。　　A. 男　　B. 女

2. 您的年龄是（　　）。

　　A. 18 岁及以下　　B. 19—30 岁　　C. 31—50 岁　　D. 51—60 岁

　　E. 60 岁以上

3. 您的学历是（　　）。

　　A. 小学及以下　　B. 初中　　　　C. 高中/中专/技校

　　D. 大学专科/本科及以上

4. 您从事种植的时间为（　　）。

　　A. 1—5 年　B. 6—10 年　C. 11—15 年　D. 16—20 年　E. 20 年以上

5. 您是否从事过非农工作？（　　）　　A. 是　　B. 否

6. 您家从事种植的为几人？（　　　）

　　A. 1 人　　　　　　B. 2 人　　　　　C. 3 人　　　D. 4 人及以上

7. 您家的种植面积是多少？（　　　）

　　A. 5 亩以下　　　　B. 6—10 亩　　　C. 11—15 亩　　　D. 16—20 亩

　　E. 20 亩以上

8. 您家获取资金的能力为（　　　）。

　　A. 非常容易　　　　B. 比较容易　　　C. 一般　　　D. 比较困难

　　E. 非常困难

二、调查农户经营特征情况

9. 您家种植亩均产量为（　　　）。

　　A. 0.5 千斤以下　　　B. 0.5—1 千斤　　　C. 1—1.5 千斤

　　D. 1.5—2 千斤　　　E. 2 千斤以上

10. 您家种植亩均成本为（　　　）。

　　A. 500 元及以下　　B. 501—1000 元　　　C. 1001—1500 元

　　D. 1501—2000 元　E. 2000 元以上

11. 您家每年种植收入占总家庭收入的（　　　）。

　　A. 25% 及以下　　B. 26%—50%　　　C. 51%—75%　　D. 75% 以上

12. 您家从事种植的主要栽培方式为（　　　）。

　　A. 人工种植　　　　B. 设施种植

三、调查农户市场销售特征情况

13. 您家销售的主要渠道为（　　　）。

　　A. 政府收购　　B. 企业收购　　C. 供给批发市场　　D. 自销　　E. 其他

14. 您对去年销售收入的满意度为（　　　）。

　　A. 非常满意　　B. 比较满意　　C. 一般　　D. 较不满意　　E. 很不满意

15. 您是否了解您种植作物在当地有哪些品牌？（　　　）

　　A. 非常了解　　B. 比较了解　　C. 不了解

16. 您对当地市场信息了解情况为（　　　）。

    A. 非常容易　B. 比较容易　C. 一般　D. 比较困难　E. 非常困难

四、调查农户外部特征情况

17. 您家种植是否参加农民专业合作社（　　　）？

    A. 是　B. 否

18. 您家种植是否参加过种植技术培训（　　　）？

    A. 是　B. 否

19. 您关注国家的农业政策吗？（　　　）

    A. 经常关注　B. 关注较少　C. 不了解

20. 您有意向改种新品种吗？（　　　）

    A. 是　B. 否　C. 不了解

21. 您家明年是否愿意持续种植？（　　　）

    A. 是　B. 否

参考文献

［1］王婷.马克思社会再生产理论视域中的供给侧结构性改革[J].河北经贸大学学报，2017，38（02）：43-49.

［2］李丽纯.现代农业的哲学考量与中国后现代农业发展路径[D].长沙：湖南大学，2015.

［3］师帅.低碳经济视角下我国农业协调发展研究[D].东哈尔滨：北林业大学，2013.

［4］田云，张俊飚，吴贤荣，李谷成.碳排放约束下的中国农业生产率增长与分解研究[J].干旱区资源与环境，2015，29（11）：7-12.

［5］张玉香.推进供给侧结构性改革　促进农业提质增效转型升级[J].行政管理改革，2016（09）：19-22.

［6］王建祥.实施五大提升　提高供给效能——新常态下农业发展路径思考[J].江苏农村经济，2016（05）：29-30.

［7］张海鹏.我国农业发展中的供给侧结构性改革[J].政治经济学评论，2016，7（02）：221-224.

［8］杨丽君.以色列现代农业发展经验对我国农业供给侧改革的启示[J].经济纵横，2016（06）：111-114.

［9］史蒙.老挝农业发展战略研究[D].杨凌：西北农林科技大学，2014.

［10］徐子风.发展农业导向下苏州产业发展型乡村发展研究[D].苏州科技大学，2016.

［11］王文亮.供给侧结构性改革中的广西农业发展思考[J].南方农业，2016，10（16）：48-52.

［12］杨灿，朱玉林.论供给侧结构性改革背景下的湖南农业绿色发展对策［J］.中南林业科技大学学报（社会科学版），2016，10（05）：1-5.

［13］毛晓丹.湖北省农业循环经济发展研究［D］.武汉：华中农业大学，2014.

［14］冉亚清.以农业供给侧结构性改革为契机引领山地生态农业发展［J］.重庆师范大学学报（哲学社会科学版），2016（06）：72-77.

［15］梅博晗，邓夏子.转变农业发展方式　引导农业市场化运作　加快进行农业供给侧结构性改革——基于美国加州与江西省两地农业发展情况对比分析［J］.江西农业，2016（24）：54-57.

［16］齐城.中国特色现代农业发展的政策需求与供给研究［J］.郑州大学学报（哲学社会科学版），2009，42（04）：103-106.

［17］张邦辉，胡智强.城乡统筹发展中反哺农业的社会公共政策创新：一个制度供给的视角［J］.重庆大学学报（社会科学版），2010，16（03）：7-13.

［18］王慧敏，龙文军.新型农业经营主体的多元发展形式和制度供给［J］.中国农村金融，2014（01）：25-27.

［19］杨敬宇，张汉燚，聂华林.西部区域特色农业发展与生产性公共产品供给［J］.中国农业资源与区划，2010，31（06）：63-67.

［20］陈忠辉.农业产业化经营中政府宏观调控行为研究［J］.农业与技术，2006（03）：6-9.

［21］黄震.发展互联网金融助推农业供给侧结构性改革［J］.农业发展与金融，2016（06）：50-53.

［22］张红伟，向玉冰.供给侧结构性改革的金融支持研究——基于居民金融资产配置的视角［J］.西南民族大学学报（人文社科版），2017，38（03）：134-139.

［23］郑安安.黑龙江省农业发展的农村金融有效供给研究［D］.哈尔滨：东北农业大学，2009.

［24］史一杉，李学坤，张榆琴，李雄平.创新农业科技供给　促进高

原特色农业发展 [J]. 中国集体经济，2014（25）：3-5.

[25]李晓晴. 农业供给侧改革背景下土地流转与规模经营问题研究 [J]. 理论观察，2016（11）：101-103.

[26]韩玉卓. 农业供给的价格冲击响应及政策稳定效应研究 [D]. 大连：东北财经大学，2013.

[27]赵蓓，徐东升. 浅析农业供给侧结构性改革中的气象服务需求及现状 [J]. 安徽农业科学，2016，44（32）：175-176+206.

[28]周喜应. 加强农药监管促进农业供给侧改革 [J]. 农药科学与管理，2016，37（08）：6-9.

[29]吴仁明，谢辉，杨柳，等. 突出农耕文化元素，推进常德市农业供给侧改革 [J]. 作物研究，2016，30（06）：625-626.

[30]员立亭. 基于农民需求视角下的农业信息供给问题研究 [J]. 现代情报，2015，35（10）：27-31+37.

[31]贾康，徐林，李万寿，姚余栋，黄剑辉，刘培林，李宏瑾. 中国需要构建和发展以改革为核心的新供给经济学 [J]. 财政研究，2013（01）：2-15.

[32]金海年. 关于新供给经济学的理论基础探讨 [J]. 财政研究，2013（09）：25-30.

[33]肖林. 中国特色社会主义政治经济学与供给侧结构性改革理论逻辑 [J]. 科学发展，2016（03）：5-14.

[34]陈宪. 供给侧结构性改革旨在转换增长动力——评肖林新著《新供给经济学：供给侧结构性改革与持续增长》[J]. 科学发展，2016（06）：9-10.

[35]袁志刚. 构建新供给经济学的理论基石——评肖林新著《新供给经济学：供给侧结构性改革与持续增长》[J]. 科学发展，2016（05）：5-6.

[36]金海年. 新供给经济学的主张与应用 [J]. 中国经济报告，2016（01）：31-34.

[37]贾康. 正确认识供给侧结构性改革 [J]. 党政研究,2016（04）:5-8.

[38]彭鹏，贾康. 从新供给视角重新梳理和解读全要素生产率 [J]. 财

政科学，2016（08）：39-43.

［39］杨祖增，来佳飞，冯洁.进入增长新常态下的浙江经济——浙江经济增长、结构转型和升级趋势观察[J].浙江学刊，2015（06）：194-203.

［40］胡国良.创造新供给　推动产业转型升级[J].群众，2016（10）：13.

［41］段萌婷，冯仲鑫，邓明煜.农业供给侧改革中提高农户绿色农产品供给意愿的政策建议——以四川省江油部分地区为例[J].现代经济信息,2018（03）:476.

［42］陈卫平，王笑丛.制度环境对农户生产绿色转型意愿的影响：新制度理论的视角[J].东岳论丛,2018,39（06）:114-123+192.

［43］刘倩男.有偿性农业科技服务的需求意愿和供给机制研究[D].唐山：华北理工大学,2019.

［44］张晓敏，姜长云.不同类型农户对农业生产性服务的供给评价和需求意愿[J].经济与管理研究,2015,36（08）:70-76.

［45］韩剑萍，李秀萍.农业社会化服务的农户需求意愿与现实供给——基于四川省296个样本农户的调查数据[J].山西农业大学学报（社会科学版）,2018,17（04）:38-46.

［46］刘晋铭.新型农业经营主体的社会化服务需求意愿与供给效率研究[D].长沙：湖南农业大学,2016.

［47］程淑平，程业炳，张德化.农业转移人口职业化影响因素研究——基于供给侧改革的视角[J].新余学院学报,2017,22（01）:48-51.

［48］吴兆明.新型职业农民职业教育与培训意愿提升机制研究[J].成人教育,2020,40（09）:58-63.

［49］杜莉，李阳.农业供给侧结构性改革背景下的农村智力回流影响因素分析[J].今日财富（中国知识产权）,2020（10）:22-23.

［50］隋筱童.刍议供给侧结构性改革的理论误区[J].改革与战略，2017,33（01）:36-39.

［51］杨美玲.供给侧结构改革背景下商业银行信贷结构调整的对策与

保障机制 [J]. 经营与管理，2018（07）:15-18.

［52］马克思，恩格斯.马克思恩格斯文集（第9卷）[M].北京：人民出版社，2009.

［53］马克思.资本论（第1卷）[M].北京：人民出版社，1972.

［54］马克思，恩格斯.马克思恩格斯文集（第1卷）[M].北京：人民出版社，2009.

［55］李国鹏.以城乡融合发展推动乡村振兴的路径探析 [J].农业经济，2019（03）:33-34.

［56］陈文胜.乡村振兴战略目标下农业供给侧结构性改革研究 [J].江西社会科学，2019，39（12）:208-215.

［57］孙景宇.劳动力再生产视角下的中国二元经济发展问题研究 [J].西安财经大学学报，2021，34（02）:24-30.

［58］严惠麒，杨怡然.习近平关于"质量兴农"重要论述的衍生逻辑、基本构成与当代价值 [J].贵州省党校学报，2021（05）:23-29.

［59］刘炜.马克思再生产理论视域下的中国供给侧结构性改革 [J].湖北经济学院学报，2019，17（04）:5-12.

［60］苟兴朝，苏畅.论马克思主义农业合作理论与实践对中国农业供给侧结构性改革的启示 [J].长江师范学院学报,2018,34（03）:1-6+145.

［61］范希春.新时代新思想新境界——习近平新时代中国特色社会主义思想对马克思主义的创新性理论贡献 [J].马克思主义研究,2020（08）:59-64.

［62］西奥多·W.舒尔茨.改造传统农业 [M].北京：商务印书馆，1964.

［63］陶大镛，高鸿业，范家骧.现代西方经济理论十五讲 [M].南京：江苏人民出版社，1986.

［64］杨亮.对中国特色社会主义政治经济学的几点认识 [J].实践（思想理论版）,2021（02）:39-40.

［65］周强.坚持以习近平法治思想武装头脑指导实践推动工作 [J].人民司法,2021（01）:4-8.

［66］林毅夫，付才辉．新结构经济学导论 [M]．北京：高等教育出版社，2019．

［67］赵秋运，王勇．新结构经济学的理论溯源与进展——庆祝林毅夫教授回国从教 30 周年 [J]．财经研究，2018,44（09）:4-40．

［68］王佳方．中国农业供给侧结构性改革路径研究 [D]．沈阳：辽宁大学，2020．

［69］郭庆海．农业供给侧结构性改革：内涵、目标与路径 [J]．世界农业，2017（03）:227-230．

［70］徐朝卫，董江爱．新时代农业供给侧结构性改革的延续与路径转换 [J]．甘肃社会科学，2018（06）:162-168．

［71］龙作联．农业供给侧结构性改革的路径探索 [J]．生产力研究，2017（07）:46-49．

［72］江维国，李立清．我国农业供给侧问题及改革 [J]．广东财经大学学报，2016，31（05）:84-91．

［73］张社梅，李冬梅．农业供给侧结构性改革的内在逻辑及推进路径 [J]．农业经济问题，2017，38（08）:59-65．

［74］王晨．供给侧改革背景下鸡西市农业产业结构调整研究 [D]．长春：吉林大学，2018．

［75］江小国，洪功翔．农业供给侧改革：背景、路径与国际经验 [J]．现代经济探讨，2016（10）:35-39．

［76］柴婷．乡村振兴视角下广西农业供给侧结构性改革研究 [D]．南宁：广西民族大学，2019．

［77］赵玉姝，焦源，高强，高歌．国外农业供给侧改革的经验与借鉴 [J]．江苏农业科学，2017，45（19）:7-10．

［78］王晓鸿，吕璇．经济新常态下中国农业供给侧结构性改革：国外经验与借鉴 [J]．河北地质大学学报，2018,41（06）:76-81．

［79］陈欢．深化东北农业供给侧结构性改革研究 [D]．沈阳：辽宁大学，2019．

［80］赵海月.支持农业供给侧结构性改革的财政政策研究［D］.长春：东北师范大学,2017.

［81］孙飞翔.支持农业供给侧结构性改革的财政政策研究——以嘉兴市为例［D］.北京：首都经济贸易大学,2017.

［82］刘娟.昆明市农业供给侧结构性改革研究［D］.昆明：云南大学，2017.

［83］徐维.黔江区农业供给侧结构性改革路径研究［D］.重庆：中共重庆市委党校，2017.

［84］黄跃东，邓启明.闽台农业合作的现状、趋势与推进策略探讨［J］.福建农林大学学报（哲学社会科学版）,2009,12（01）:4-9.

［85］何福平.全面现代化建设中加快发展漳州现代农业的再思考［J］.厦门特区党校学报,2021（06）:21-28.

［86］张志芳，彭柳林，张莉.农业供给侧结构性改革的路径与对策——基于江西省的调查与思考［J］.江西农业，2018（10）:113-115.

［87］杨惠姗.供给侧结构性改革背景下江苏省农业投入产出效率评价及其影响因素研究［D］.镇江：江苏大学,2019.

［88］缪建群，周雪晗，黄国勤.基于DEA和障碍度模型的江西省农业生产有效性评价［J］.生态科学,2022,41（03）:172-177.

［89］吴伟伟，包铠璇，张燕华.江西省农业生产要素错配测度与影响因素的实证研究［J］.长江流域资源与环境,2020,29（04）:1005-1015.

［90］王华瑞.基于SE-DEA视窗分析的江西农业生产效率评价研究［D］.南昌：南昌大学,2017.

［91］丁宝根，彭永樟.基于DEA-SBM模型的江西省农业绿色发展效率测度与评价［J］.农村经济与科技,2019,30（17）:200-202.

［92］胡宜挺，王坤，毛舒婷.基于供给侧改革视角下农业适度规模经营评价指标体系的构建［J］.北方园艺,2018（07）:199-203.

［93］李璟镒.生态农业对乡村振兴战略的助力——以稻蟹共生和葡萄草鸡模式为例［J］.热带农业工程,2021,45（04）:103-107.

［94］余艳锋，周海波，甘木林，等.江西省南昌县农业产业结构现状及技术对策［J］.江西农业学报，2015，27（02）:5.

［95］赵杨，李紫微.农业供给侧结构性改革的现存问题和对策思考［J］.中国农机监理，2021（08）:19-21.

［96］江西省数字农业发展情况综述［J］.大数据时代，2021（10）:91-96.

［97］吴新标，张欢.江西省数字农业发展现状、问题与建议［J］.北京农业职业学院学报，2021，35（02）:18-22.

［98］钟舒华.江西农村劳动力转移与农业发展研究［J］.农村实用技术，2021（08）:15-17.

［99］马莹.农业供给侧结构性改革的税收支持政策优化研究［J］.山西农经，2021（20）:3.

［100］刘晓青，刘阳.江西农业供给侧改革的成效、问题与对策［J］.中国国情国力，2017（05）:37-40.

［101］曹菲，聂颖.产业融合、农业产业结构升级与农民收入增长——基于海南省县域面板数据的经验分析［J］.农业经济问题，2021（08）:28-41.

［102］干春晖，郑若谷，余典范.中国产业结构变迁对经济增长和波动的影响［J］.经济研究，2011，46（05）:4-16.

［103］李红莉，张俊飚，罗斯炫，等.农业技术创新对农业发展质量的影响及作用机制——基于空间视角的经验分析［J］.研究与发展管理，2021，33（02）:1-15.

［104］姚延婷，陈万明，李晓宁.环境友好农业技术创新与农业经济增长关系研究［J］.中国人口·资源与环境，2014，24（08）:122-130.

［105］罗斯炫，何可，张俊飚.修路能否促进农业增长？——基于农机跨区作业视角的分析［J］.中国农村经济，2018（06）:67-83.

［106］Romer P M. Endogenous technological change[J].Journal of political Economy，1990，98（5，Part 2）:S71-S102.

［107］谢兰云.中国省域R&D投入对经济增长作用途径的空间计量分

析 [J]. 中国软科学，2013（09）:37-47.

［108］张瑞娟，高鸣.新技术采纳行为与技术效率差异——基于小农户与种粮大户的比较 [J]. 中国农村经济，2018（05）:84-97.

［109］LeSage J，Pace R K.Introduction to spatial econometrics[M]. Chapman and Hall/CRC, 2009.

［110］Cabrer-Borras B，Serrano-Domingo G.Innovation and R&D spillover effects in Spanish regions:A spatial approach[J].Research Policy，2007,36（9）:1357-1371.

［111］张建清，刘诺.国际技术溢出对区域经济增长的门槛效应研究 [J]. 研究与发展管理，2018，30（01）:92-105.

［112］薛琬菁.农科专业大学生成为新型职业农民意愿及影响因素研究 [D]. 郑州：河南财经政法大学，2021.

［113］陈美球.构建耕地共同保护机制：理论基础、制约因素与实现路径 [J]. 农业经济与管理，2022（03）:13-19.

［114］张凤荣.耕地保护的本质是保护耕地的产能 [J]. 中国土地，2022（02）:9-10.

［115］陈美球，魏晓华，刘桃菊.海外耕地保护的社会化扶持对策及其启示 [J]. 中国人口·资源与环境，2009，19（03）:70-74.

［116］王兴，王丹霞.农业信息化背景下新型职业农民培育培训途径分析 [J]. 职业技术教育，2017，38（01）:43-48.

［117］Niewolny K L，Lillard P T.Expanding the boundaries of beginning farmer training and program development:A review of contemporary initiatives to cultivate a new generation of American farmers[J].Journal of Agriculture，Food Systems，and Community Development，2010，1（1）:65-88.

［118］Hashemi S M，Mahmood Hosseini S，Hashemi M.Farmers' perceptions of safe use of pesticides:determinants and training needs[J].Archiv für Gewerbepathologie und Gewerbehygiene，2011，85:57-66.

［119］Mekuria W. Effectiveness of Modular Training at Farmers' Training Center: Evidence from Fogera District，South Gondar Zone，Ethiopia[J]. American Journal of Rural Development，2014（2）:46-52.

［120］Mondal S，Simaraks S. Farmers' knowledge，attitude and practice toward organic vegetables cultivation in Northeast Thailand[J].Kasetsart Journal-Social Sciences，2014（35）:158-166.

［121］沈琼，陈璐 . 新型职业农民持续经营意愿的影响因素及其层次结构——基于河南省调查数据的分析 [J]. 湖南农业大学学报（社会科学版），2019，20（04）:34-41.

［122］周瑾，夏志禹 . 影响新型职业农民从业选择的微观因素分析 [J]. 统计与决策，2018，34（12）:94-98.

［123］马艳艳，李鸿雁 . 农户对新型职业农民培训的意愿响应及影响因素分析——以宁夏银北地区 265 户农户调查数据为例 [J]. 西北人口，2018，39（04）:99-104.

［124］周杉，代良志，雷迪 . 我国新型职业农民培训效果、问题及影响因素分析——基于西部四个试点县（市）的调查 [J]. 农村经济，2017（04）:115-121.

［125］吴良 . 新疆新型职业农民培育意愿影响因素研究 [J]. 农业科技管理，2017，36（04）:76-78.

［126］郑兴明，曾宪禄 . 农科类大学生能成为新型职业农民的主力军吗?——基于大学生农村基层服务意愿的实证分析 [J]. 华中农业大学学报（社会科学版），2015（05）:97-102.

［127］黄枫燕，郑兴明 . 浅析农科类大学生农村基层服务意愿及培养路径——基于新型职业农民培育视角 [J]. 农村经济与科技，2018，29（07）:279-281.

［128］金胜男，宋钊，常丽博 . 生产经营型新型职业农民培育的意愿及影响因素研究——以黑龙江农场农户数据为例 [J]. 现代农业科技，2015（06）:322-324.

［129］吴易雄.基于二元 Logistic 模型的新型职业农民农业生产意愿的影响因素及其对策探析［J］.当代经济管理，2016，38（11）：40-49.

［130］徐辉，孔令成，张明如.新型职业农民农业生产效率的三阶段 DEA 分析[J].华东经济管理，2018，32（08）：177-184.

［131］（日）速水佑次郎，（美）弗农.拉坦.农业发展的国际分析 [M].北京：中国社会科学出版社，2000.

［132］陈世军.我国农技推广投资总量和结构的研究［J］.农业科技管理,1998（02）:9-12.

［133］黄季焜，夏耕，张超超，等.入世后中国农业综合开发的对策研究［J］.农业经济问题,2001（03）:10-14.

［134］黄祖辉，钱峰燕.技术进步对我国农民收入的影响及对策分析[J].中国农村经济,2003（12）:11-17.

［135］钱峰燕.技术进步影响农民收入的原因分析[J].经济研究参考,2004（15）:30-31.

［136］刘进宝，刘洪.农业技术进步与农民农业收入增长弱相关性分析[J].中国农村经济,2004（09）:26-30+37.

［137］李娟娟，沈淘淘.玉米市场化改革下农户种植决策影响因素研究——基于吉林省农户对优化种植结构选择行为的分析[J].价格理论与实践，2018（03）:115-118.

［138］王亚坤，王慧军，刘猛.基于农户调查的山地丘陵区玉米种植研究[J].中国农学通报，2015，31（01）:265-271.

［139］王天穷，于冷.玉米预期价格对农户种植玉米的影响——基于吉、黑两省玉米种植户的调查研究[J].吉林农业大学学报，2014，36（05）:615-622.

［140］向红玲，陈昭玖.分工深化视角下农业迂回生产与农户规模经营意愿分析——基于江西水稻种植户调查[J].农业现代化研究，2019，40（01）:54-62.

［141］吴连翠，张霞威.水稻规模种植户持续种植意愿影响因素研究[J].中国农业资源与区划,2021,42（03）:95-102.

［142］姚文，祁春节.交易成本对中国农户鲜茶叶交易中垂直协作模式选择意愿的影响——基于9省（区、市）29县1394户农户调查数据的分析[J].中国农村观察，2011（02）:52-66.

［143］沈鹏熠.农产品区域品牌的形成过程及其运行机制[J].农业现代化研究，2011，32（05）:588-591.

［144］Hankinson G.Relational network brands:Towards a conceptual model of place brands[J].Journal of vacation marketing，2004，10（2）:109-121.

［145］易思思.洞庭湖生态经济区农产品区域品牌建设研究[D].长沙：中南林业科技大学，2014.

［146］王中.高端特色品牌农业的理论与实证研究[D].青岛：中国海洋大学，2012.

［147］杨明强，鲁德银.基于产业价值链的农产品品牌塑造模式与策略研究[J].农业经济，2013（02）:127-128.

［148］孔凡斌，钟海燕，潘丹.小农户土壤保护行为分析——以施肥为例[J].农业技术经济，2019（01）:100-110.

［149］秦明，范焱红，王志刚.社会资本对农户测土配方施肥技术采纳行为的影响——来自吉林省703份农户调查的经验证据[J].湖南农业大学学报（社会科学版），2016，17（06）:14-20.

［150］陈美球，袁东波，邝佛缘，等.农户分化、代际差异对生态耕种采纳度的影响[J].中国人口资源与环境，2019，29（02）:79-86.

［151］谢贤鑫，陈美球，李志朋，等.农户生计分化与化肥施用行为——基于江西省1421户农户的调研[J].中国农业资源与区划，2018，39（10）:155-163.

［152］肖新成，倪九派.农户清洁生产技术采纳行为及影响因素的实证分析——基于涪陵区农户的调查[J].西南师范大学学报（自然科学版），2016，41（07）:151-158.

［153］文长存，汪必旺，吴敬学.农户采用不同属性"两型农业"技术的影响因素分析——基于辽宁省农户问卷的调查[J].农业现代化研究，

2016，37（04）:701-708.

［154］黄炎忠，罗小锋.既吃又卖:稻农的生物农药施用行为差异分析[J].中国农村经济，2018（07）:63-78.

［155］傅新红，宋汶庭.农户生物农药购买意愿及购买行为的影响因素分析——以四川省为例[J].农业技术经济，2010（06）:120-128.

［156］钟文晶，邹宝玲，罗必良.食品安全与农户生产技术行为选择[J].农业技术经济，2018（03）:16-27.

［157］蒋琳莉，张俊飚，何可，等.农业生产性废弃物资源处理方式及其影响因素分析——来自湖北省的调查数据[J].资源科学，2014，36（09）:1925-1932.

［158］刘芳，李成友，张红丽.农户环境认知及低碳生产行为模式[J].云南社会科学，2017（06）:58-63.

［159］唐利群，周洁红，于晓华.采用保护性耕作对减少水稻产量损失的实证分析——基于4省1080个稻农的调研数据[J].自然资源学报，2017，32（06）:1016-1028.

［160］纪龙，徐春春，李凤博，等.农地经营对水稻化肥减量投入的影响[J].资源科学，2018，40（12）:2401-2413.

［161］王思琪，陈美球，彭欣欣，等.农户分化对环境友好型技术采纳影响的实证研究——基于554户农户对测土配方施肥技术应用的调研[J].中国农业大学学报，2018，23（06）:187-196.

［162］张聪颖，霍学喜.劳动力转移对农户测土配方施肥技术选择的影响[J].华中农业大学学报（社会科学版），2018（03）:65-72.

［163］李波，梅倩.农业生产碳行为方式及其影响因素研究——基于湖北省典型农村的农户调查[J].华中农业大学学报（社会科学版），2017（06）:51-58.

［164］李想，穆月英.农户可持续生产技术采用的关联效应及影响因素——基于辽宁设施蔬菜种植户的实证分析[J].南京农业大学学报（社会科学版），2013，13（04）:62-68.

［165］邝佛缘，陈美球，鲁燕飞，等.基于增强回归树的农户环保行为决策研究［J］.生态经济，2018，34（02）:130-133.

［166］姚科艳，陈利根，刘珍珍.农户禀赋、政策因素及作物类型对秸秆还田技术采纳决策的影响［J］.农业技术经济，2018（12）:64-75.

［167］徐志刚，张骏逸，吕开宇.经营规模、地权期限与跨期农业技术采用——以秸秆直接还田为例［J］.中国农村经济，2018（03）:61-74.

［168］李卫，薛彩霞，姚顺波，等.农户保护性耕作技术采用行为及其影响因素：基于黄土高原476户农户的分析［J］.中国农村经济，2017（01）:44-57.

［169］李子琳，李婕，郭熙等.经济欠发达地区测土配方施肥技术推广的影响因素分析［J］.江苏农业学报，2018，34（06）:1287-1293.

［170］蔡荣，韩洪云.合同生产模式与农户有机肥施用行为——基于山东省348户苹果种植户的调查数据［J］.中国农业科学，2011，44（06）:1277-1282.

［171］蒋琳莉，张俊飚，颜廷武，等.基于Probit模型的农户农业生产性废弃物弃置行为研究——以湖北省为例［J］.农业现代化研究，2016，37（05）:917-925.

［172］吕杰，王志刚，郗凤明.基于农户视角的秸秆处置行为实证分析——以辽宁省为例［J］.农业技术经济，2015（04）:69-77.

［173］黎孔清，马豆豆.生态脆弱区农户化肥减量投入行为及决策机制研究——以山西省4县421户农户为例［J］.南京农业大学学报（社会科学版），2018，18（05）:138-145.

［174］张复宏，宋晓丽，霍明.果农对过量施肥的认知与测土配方施肥技术采纳行为的影响因素分析——基于山东省9个县（区、市）苹果种植户的调查［J］.中国农村观察，2017（03）:117-130.

［175］肖阳，李云威，朱立志.基于SEM的农户施肥行为及其影响因素实证研究［J］.中国土壤与肥料，2017（04）:167-174.

［176］郭清卉，李世平，李昊.基于社会规范视角的农户化肥减量化措施采纳行为研究［J］.干旱区资源与环境，2018，32（10）:50-55.

［177］畅华仪，张俊飚，何可.技术感知对农户生物农药采用行为的影响研究 [J].长江流域资源与环境，2019，28（01）:202-211.

［178］姜利娜，赵霞.农户绿色农药购买意愿与行为的悖离研究——基于5省863个分散农户的调研数据 [J].中国农业大学学报，2017，22（05）:163-173.

［179］漆军，朱利群，陈利根，等.苏、浙、皖农户秸秆处理行为分析 [J].资源科学，2016，38（06）:1099-1108.

［180］周力，王镱如.新一轮农地确权对耕地质量保护行为的影响研究 [J].中国人口·资源与环境，2019，29（02）:63-71.

［181］童洪志，刘伟.政策组合对农户保护性耕作技术采纳行为的影响机制研究 [J].软科学，2018，32（05）:18-23.

［182］田家榛，孙炜琳.设施蔬菜农户病虫害综合防控行为风险评估——基于贝叶斯分类统计方法的实证分析 [J].中国农业资源与区划，2019，40（02）:21-30.

［183］左正强.农户秸秆处置行为及其影响因素研究——以江苏省盐城市264个农户调查数据为例 [J].统计与信息论坛，2011，26（11）:109-113.

［184］应瑞瑶，朱勇.农业技术培训方式对农户农业化学投入品使用行为的影响——源自实验经济学的证据 [J].中国农村观察，2015（01）:50-58.

［185］徐卫涛，张俊飚，李树明，等.循环农业中的农户减量化投入行为分析——基于晋、鲁、鄂三省的化肥投入调查 [J].资源科学，2010，32（12）:2407-2412.

［186］陈欢，周宏，孙顶强.信息传递对农户施药行为及水稻产量的影响——江西省水稻种植户的实证分析 [J].农业技术经济，2017（12）:23-31.

［187］徐志刚，张炯，仇焕广.声誉诉求对农户亲环境行为的影响研究——以家禽养殖户污染物处理方式选择为例 [J].中国人口·资源与环境，2016，26（10）:44-52.

［188］汤秋香，谢瑞芝，章建新，等.典型生态区保护性耕作主体模式及影响农户采用的因子分析 [J].中国农业科学，2009，42（02）:469-477.